长汀国家历史文化名城保护与利用实践研究

西沐 罗杨 史江南 主编

中国书店

图书在版编目（CIP）数据

长汀国家历史文化名城保护与利用实践研究 / 西沐, 罗杨, 史江南主编. — 北京：中国书店, 2023.10
ISBN 978-7-5149-3375-8

Ⅰ.①长… Ⅱ.①西… ②罗… ③史… Ⅲ.①文化名城—保护—研究—长汀 Ⅳ.①TU984.257.4

中国国家版本馆CIP数据核字（2023）第203270号

长汀国家历史文化名城保护与利用实践研究

西 沐 罗 杨 史江南 主编

责任编辑 木 洛

出版发行	中国书店
地　　址	北京市西城琉璃厂东街115号
邮　　编	100050
设计制作	北京翔利印刷有限公司
印　　刷	北京翔利印刷有限公司
开　　本	787毫米×1092毫米　1/16
印　　张	17
字　　数	240千
版　　次	2023年10月第1版　第1次印刷
书　　号	ISBN 978-7-5149-3375-8
定　　价	168.00元

目 录

引 子 ·· 1

第一篇　名片篇

（一）唐宋古城 ·· 5

（二）客家首府 ·· 6

（三）红军故乡 ·· 6

（四）生态家园 ·· 7

第二篇　历史篇

（一）历史与客家文化——"千年州府"与"客家首府" ············· 14

（二）红色文化——"红色小上海，长征出发地" ······················· 42

（三）生态文化——"最美山城，水保典范" ······························· 52

第三篇　现状篇

（一）缘起：中国最美的小城之一 ················· 58

（二）盛世：何去何从的汀州 ··················· 60

（三）思想：不竭的动力源泉 ··················· 61

（四）古韵：汀州的核心价值 ··················· 63

（五）特色：完美的"以金镶玉" ················· 64

（六）融合："众星捧月"的布局 ················· 66

（七）团队：专心做名城事业 ··················· 68

（八）规划：正确方向的指引 ··················· 68

（九）问政：汀州人自己的汀州 ················· 69

（十）舆论：民心所向的优势 ··················· 71

（十一）乡愁：永看不厌的风景 ················· 73

（十二）文化：讲好汀州的故事 ················· 92

（十三）资金：众人拾柴火焰高 ················· 100

（十四）制度：有序发展的保障 ················· 101

（十五）法律：保驾护航的利器 ················· 102

（十六）成绩：我们永远在路上 ················· 103

第四篇 创新篇

(一)创新发展的目标 ································· 108

(二)创新发展的逻辑 ································· 113

(三)创新发展的理念 ································· 116

(四)创新发展的基本布局 ····························· 126

(五)创新发展的模式 ································· 128

(六)创新发展的举措 ································· 133

第五篇 发展篇

(一)特色资源特色发展 ······························· 140

(二)形成历史文化名城保护与利用发展局面 ············· 150

(三)活化特色资源,建构特色发展模式 ················· 156

(四)中国的长汀,世界的长汀 ························· 160

(五)发展特色消费形态,建设数字长汀 ················· 166

(六)完善长汀模式,建构长汀方案 ····················· 171

(七)专家说长汀 ····································· 174

第六篇　未来篇

（一）探索制度创新……………………………………………………201

（二）突出特色文化……………………………………………………206

（三）特色发展战略……………………………………………………212

（四）生态富民…………………………………………………………213

（五）共同富裕…………………………………………………………215

（六）新时代发展大格局………………………………………………216

（七）完善长汀方案，讲好中国故事…………………………………220

第七篇　景观篇

（一）名城之旅…………………………………………………………226

（二）红色之旅…………………………………………………………240

（三）客家之旅…………………………………………………………246

（四）生态之旅…………………………………………………………250

（五）美食之旅…………………………………………………………260

后　记……………………………………………………………………262

引　子

福建有福州、泉州、漳州、长汀四座国家级历史文化名城，这是福建的骄傲。

习近平　（摘自《福州古厝》序）

中国有两个最美丽的小城，一个是湖南的凤凰，一个是福建的长汀。

新西兰国际友人　路易·艾黎

长汀是一座美丽的东方古城，这里有灿烂的文明和各种故事。我将向国际社会宣传长汀。

新西兰前总理、博鳌亚洲论坛理事　珍妮·希普利

我也是长汀的荣誉市民，这里也是我的家乡。汀州古城是一座美丽的山城，这里给了我许多人生感悟，让我爱上这个地方。

国际功夫著名演员　成龙

望眼汀州　佚名摄[1]

注[1]　本书全篇标注"佚名摄"的图片均由长汀县国家历史文化名城管理委员会供稿。后同。

第一篇　名片篇

福建长汀位于北纬25°18′40″～26°02′05″、东经116°00′45″～116°39′20″之间，地处武夷山南麓，南与广东近邻，西与江西接壤。全县辖18个乡（镇）307个村（居），总人口55万，土地面积3099平方公里，是典型的"八山一水一分田"山区县，属福建省第五大县。

长汀古为汀州府治所，是一座有千年历史的"山水"古城，其秀丽的风景闻名遐迩，昌盛的文化源远流长，它以历史文化、客家文化、红色文化和生态文化为代表的"四位一体"文化体系更是在全国乃至世界范围内影响深远，也因此荣膺"国家历史文化名城"的美誉。

长汀位于闽、粤、赣三省的边陲要冲，是福建的西大门，世界客家首府和国家历史文化名城。长汀是福建新石器文化发祥地之一，全县有200多处新石器遗址。长汀是海峡西岸经济区的重要组成部分，是著名的革命老区。长汀民风淳朴、山清水秀，融人文景观与自然景观于一体，被新西兰国际友人路易·艾黎誉为"中国最美丽的小城之一"。

长汀人杰地灵，英华迭出。法医鼻祖、宋代长汀知县宋慈，宋代英雄文天祥，明代《天工开物》作者宋应星，清代著名大学者、《四库全书》总纂纪晓岚和长汀籍清代著名画家上官周等一大批文人志士都在长汀留下了珍贵的足迹，为这座千年古城增添了浓厚的文化色彩。作为古汀州所在地，历代文人墨客流连吟诵，宋代的宋慈、陈轩、王捷，明代的王阳明、马驯、郝凤升、宋应星，清代的上官周、黄慎、伊秉绶、杨澜、纪晓岚、刘国轩、黎士弘、康咏、江瀚等，都以如椽巨笔为长汀的山川风物写下不朽的诗篇、著作，流传于世。

（一）唐宋古城

长汀历史悠久、底蕴深厚，唐开元二十四年（736）设置的汀州是唐代福建著名的五大州之一。至宋代，汀州与省内其他七府构成了享誉海内外的"福建八闽"。从唐代至清代的一千多年间，汀州一直是历朝历代州、郡、路、府的治所，是闽西的政治、经济、文化中心，有"唐宋元明清皆谓金瓯重镇，州郡路府县均称华夏名城"之盛赞。1994年，长汀入选国务院第三批国家历史文化名城。

悠久的历史给长汀这块神奇的土地留下了许多珍贵的文物古迹，积聚了深厚的文化底蕴。众多保存完好的文物古迹成为汀州古城景观的一大特色。唐代大历四年（769）修建的汀州古城墙，宋明时期大规模扩建至4119米，古城墙像一串璀璨的宝珠，从卧龙山顶分东西蜿蜒而下，合抱于汀江之滨，把半个卧龙山圈进城内，构成了挂壁城池、城内有山、山中有城的格局，素有"佛挂珠"之称。现保存下来的古城墙将古城门及其古城楼——朝天门、五通门、惠吉门、宝珠门联结在一起，全长1500米（近几年汀州古城墙已修复至2100米），成为国家历史文化名城长汀的标志性建筑。客家母亲河——汀江更像一条飘逸的白练，穿城而过，把汀州城装缀得独具一格，分外美丽。还有风格独特的汀州文庙、汀州府城隍庙、云骧阁、南禅寺、汀州刘氏家庙、汀州李氏家庙等众多古迹，见证了这座历史文化名城厚重的文化内涵。

（二）客家首府

长汀文化厚重、璀璨多姿，是历史上客家人聚居最具代表性的城市之一。因古代汀州的府治行政机关而存在，所辖八县均是福建省纯客家县，故汀州城被海内外客家人称为"八闽客家首府""世界客家首府"，汀江也被誉为"客家母亲河"。客家先民在客家母亲河的滋润下，与原住民相互影响、相互融合，凝结出独具魅力的客家文化。客家人以坚韧、开拓、革新的精神，为汀州带来繁荣和发展，并从长汀走向五湖四海，创造了辉煌业绩。长汀也由此成为客家人的发祥地和集散地。至今，长汀还保留了独具魅力、有客家特色的民俗文化、服饰文化、建筑文化、饮食文化、宗教文化和浓郁的风土人情，每年都有许多海内外客家人士慕名而来寻根谒祖。

长汀是客家饮食文化的发源地和集中地，海内外流传着"食在长汀"的美名。长汀客家菜风味淳朴，韵味绵长。2005年，长汀被中国烹饪协会评为"中国客家菜之乡"。长汀客家人继承了中原饮食文化，在南迁后产生发展的新的饮食原料和习俗，并受当地土著、相邻民系（广府闽南）及其他民系饮食文化的影响，形成了独特的风格。其饮食文化源远流长，美食产品种类丰富，色香味俱全，长汀豆腐干、汀州伊面、灯盏糕、芋子包、仙人冻等风味小吃，白斩河田鸡、香酥鸡、豆腐圆等传统菜肴，都来自长汀。

（三）红军故乡

长汀星火燎原、红旗不倒，是光耀神州的著名革命老区、原中央苏区、红军故乡和红军长征出发地之一。第二次国内革命战争时期，不仅是中央苏区的经济、文化中心和红军重要的兵源地、给养地之一，同时也是福建省委、省苏维埃政府和福建军区所在地，是福建革命运动的政治、军事、经济、文化中心，毛泽东、周恩来、刘少奇、朱德等老一辈无产阶级革命家曾在这里进行过伟大的革命实践，党的早期领导人瞿秋白在这里英勇就义。长汀素有"红色小上海"之美誉，被誉为"红军故乡、红色土地和红旗不倒的地方"。这里还有黄瓜地里留铜板、张赤男烈士、宁死不屈戴五嫂等苏区故事，都被广为传唱。

根据国家文化公园建设工作领导小组印发的《长征国家文化公园建设保护规划》（以下简称《规划》），长汀革命旧址、红九军团长征出发地等全国重点文物保护单位纳入长征国家文化公园管控保护区，长汀红九军团长征出发地规划建设重点展示园，长汀文旅融合示范区被列为首批"文旅融合示范区"创建单位，长汀县被列为首批长征国家文化公园文物保护利用示范县创建县。《规划》将中央红军长征出发历史步道长汀段列入长征历史步道建设；长征国家文化公园与体现古田会议精神、苏区精神等伟大精神的遗址遗迹，将推出参观游览联程联运经典线路；长汀中央红军长征出发地暨松毛岭战役纪念馆建设项目、中央红军长征出发历史步道长汀段示范段建设项目和松毛岭阻击战被列入重点项目。

（四）生态家园

长汀山水秀美、景色宜人，是全国生态文明建设示范县和"绿水青山就是金山银山"实践创新基地，是宜居、宜业、宜游的生态家园。党的十八大提出把生态文明建设作为我国的发展战略任务之一，标志着中国特色社会主义现代化建设进入了一个更高的发展阶段。长汀作为习近平总书记在福建省工作期间的直接联系点，是生态治国理念的实践起始点。长汀曾是我国南方红壤区水土流失最严重的县份之一，习近平同志高度重视长汀水土流失治理和生态文明建设，在闽工作期间曾先后五次深入长汀调研指导，在不同工作岗位对长汀工作做出九次重要指示批示。在习近平同志的感召下，长汀老区人民持续发扬"滴水穿石，人一我十"的精神，总结形成了"党政主导、群众主体、社会参与、多策并举、以人为本、持之以恒"的水土流失治理"长汀经验"，被誉为"福建生态省建设的一面旗帜"和"我国南方地区水土流失治理的一个典范"。经过三十多年的艰苦奋斗，长汀水土流失治理取得了第一阶段的关键性胜利，昔日的"火焰山"变成了"花果山""金山银山"，创造了中国南方治理水土流失的新模式。1985年以来，累计减少水土流失面积111.8万亩，水土流失率从31.5%下降到7.4%，森林覆盖率从58.4%提高到80.3%。2017年9月，长汀一举获评首批国家生态文明建设示范县和第一批"绿水青山就是金山银山"实践创新基地。2021年10月，"长汀县水土流失综合治理与生态修复实践"成功入选联合国《生物多样性公约》第十五次缔约方大会（COP15）生态修复典型案例，标志着"长汀经验"走向世界。

长汀区位优势明显，水、电、路、通信等基础设施日趋完善。龙赣铁路、龙长高速公路、319国道和省道洋万线在城区交汇，直达赣、湘、鄂、川和福建各地，承西启东的交通枢纽作用日益突出。长汀至厦门港350公里，距连城机场81公里，长汀至广州、深圳当天可达，特别是赣龙铁路与京九铁路相接，长汀站至京九铁路140公里，已开通"铁海联运"，2006年开通了龙岩直达北京的"海西号"，乘动车由长汀至北京只要10个小时。龙长高速公路与福、厦、漳、泉相通，使长汀成为闽南、粤北与内陆省份商品流通和经济走向的"黄金通道"。

长汀资源丰富。金属矿主要有稀土、钨、铁、锡、金、银等，非金属矿有石灰石、白云石、大理石、辉绿石、玄武石、高岭土、叶蜡石、钾长石、硅质石、黄铁石、磷矿、煤、矿泉水、温泉等。林地面积17.87万公顷，森林覆盖率达74%，林木蓄积量1000多万立方米。全县可开发水资源10万千瓦，已开发9.3万千瓦，水资源开发已达到90%以上；境内地下水资源和地热资源丰富，河田温泉属国内罕见，温度高达80℃，日流量达4000吨以上。

近年来，长汀县坚持以习近平新时代中国特色社会主义思想为指导，全面贯彻党的十八大以来历次全会精神以及习近平总书记对长汀工作做出的重要指示批示精神，听党的话、跟党走，扎实推进稀土、纺织服装、文旅康养"三大主导产业"，特色现代农业、医疗器械、电子商务、建筑业"四大重点产业"，打好打赢防范化解重大风险、精准脱贫、污染防治"三大攻坚战役"，决战决胜涉麻制毒重点整治、城市建设"两个专项行动"，深入实施产业兴县、招商引资、基础设施、乡村面貌改善、文明县城创建"五大提升行动计划"，在新的长征路上奋勇前进，全方位推动高质量发展超越，2017年至2020年连续4年荣膺福建省"县域经济发展十佳县"称号。

生态之美 佚名摄

丁屋风情　潘潘摄

第二篇 历史篇

长汀作为国家历史文化名城，其历史文化及遗存、历史源流及流变过程是非常清晰的。唐宋时期，移居赣、闽的中原汉族先民为了寻找安全的生产环境及宜居场所，逐步发展出了基于人与自然环境高度适应的城镇和乡村等选址的理论，长汀古城的选址正是符合择城的绝佳区位，成为"天人合一"的中国传统生态文化的典范。以此为基础，进一步生发出传统文化、客家首府、红色文化等文化生态。通过多维度生发、多元化融合发展，历经千载，长汀发展成为国家历史文化名城。因此，研究分析长汀古城历史文化及其遗存的形成演变的历史，不同的发展阶段及其标志，可以不断增强对长汀的历史文化丰富度与厚重感的深入认知。

（一）历史与客家文化——"千年州府"与"客家首府"

长汀的客家文化与历史文化在长期发展演变中相互交织。"客家"既是一个汉族民系的称谓，更是文化层面的概念。西晋末年（313前后）、唐代末年（904前后）和北宋末年（1126前后），成千上万中原汉人——客家先民为躲避战乱、灾荒，纷纷南迁，寻找安身立命之地，汀江流域因自然环境优越,被疲惫的南迁汉人选为重要的落脚点之一。南迁汉人在与土著民融合时,凭借其经济文化水平较高的优势占据主导地位,在保持固有的语言和习俗的前提下同化了土著民,同时融合土著民优秀文化成分形成中国汉民族中一支独特的民系——客家。南宋时期,闽西客家民系初步形成,并以位于汀江上游的汀州府城为中心地域。与此同时,位于汀江上游源头的宁化县被誉为客家祖地,因此汀江也被称为"客家母亲河"。客家文化的产生与发展随着历史文化和古城演变在同步进行,深刻地影响着汀州人民的生产与生活。

公祭客家母亲河　佚名摄

1. 建制沿革

出土文物证明，三四千年前的新石器时代，就有古越族人在长汀地方繁衍生息。长汀从唐代置县后，历经千年，到清代其县城一直是汀州、郡、路、府、行署的治所，是闽西政治、经济、文化中心。据《临汀志》《永乐大典》《汀州府志》《读史方舆纪要》及《长汀县志》记载，参阅《客家源流新探》《客家之光》等客家文化丛书，长汀的建置概略可分为三个阶段，即州府建立前期、州府建置时期和县级改置时期。

（1）州府建立前期

长汀是新石器文化发祥地之一，据考古发现，全县有200多处新石器遗址，早在4000多年前的新石器时代，就有先民在这块富饶的土地上劳动、生息、繁衍。长汀最早的先民是以蛇为图腾的古越族人，周时，属七闽部落；春秋末，越王勾践王族入闽，与七闽土著发生融合，形成了闽越部落，即闽越族；秦时，属闽中郡；汉高帝五年（前202）属闽越地；汉武帝元封元年（前110），取闽粤，三年（前108），属南郡；三国时期（220—265），属吴建安郡；西晋太康三年（282）分建安郡立晋安郡，领八县，其中的新罗县即后来的汀州及龙岩地区。晋代新罗县设在今长汀大同镇草坪村（古称东坊口大丘头）；南朝宋泰始四年（468），新罗等三县隶属于晋平郡，不久又恢复为晋安郡；南朝陈永定初（557）隶闽州（闽州先后易名为丰州、泉州、福州）。

（2）州府建置时期

据《临汀志》记载，"唐开元二十四年（736），始开福、抚二州山洞置汀州"，自此，汀州成为福建五大州之一，领辖长汀、宁化、新罗三县，并于九龙水源长汀村置长汀县。唐天宝元年（742）改汀州为临汀郡，乾元元年（758）复名汀州。时县治已附于州廓。

唐大历四年（769），长汀县治随迁至州治"二百步"左右的地方，卧龙山之阳，地名白石村（即古镇南门到宝珠门一带）新址，即今汀州医院后，新罗故城废于南朝宋（420—479）。汀州建成后长汀遂成为州、郡、路、府治所，是闽西的政治、经济、文化中心。五代十国时，长汀属闽。南唐保大三年（945）归南唐。北宋开宝七年（974）隶福建路。开宝八年（975），南唐亡，汀县归入宋版图。雍熙二年（985），长汀县属福建路。福建路行政区划有福、建、泉、漳、汀、南剑六州，邵武、兴化两军。南宋时福建路设一府、五州、二军，皆为同级行政区划，故福建称"八闽"。元至元十五年（1278），改汀州为汀州路，长汀县属福建行中书省。明洪武元年（1368），福建全省八路改为福州、建宁、延平、邵武、兴化、泉州、漳州、汀州八府，汀州路改为汀州府。二年（1369），置福建行中书省，长汀属福建行中书省。清代沿用明代制度。长汀县始终为州、郡、路、府属县。

（3）县级改置时期

1913年，废府制，置长汀县属汀漳道，隶属于福建省。1919年，闽军与护法军协议，长汀县属护法区。1925年，复隶福建省。1929年3月，红军入长汀，建长汀县革命委员会，为闽西、赣南第一个红色县级政权。1932年，福建省苏维埃政府在长汀成立，长汀成为中央苏区的经济中心，福建省的政治、军事中心。1934年11月，红军进行战略转移，撤离中央苏区。长汀复由国民政府统辖，改用民国纪年，仍称长汀县。1949年10月1日中华人民共和国成立。同月17日，中国人民解放军接管长汀县，长汀县和平解放。1949年10月18日，长汀县人民政府成立。1951年至今，隶属福建龙岩地区。

重走红军路　李国潮摄

2. 客家民系与府城发展

西晋及唐末时期，客家先民最先到达赣南，但并未在赣南形成独特的客家民系，其因在于赣南东、西、南三面环山，唯有北部较为平坦，使赣南呈现南高北低势态。境内主要河流章水和贡水汇流后北流，最后汇入长江入海。开阔的北面不能带给客家先民安全感，而武夷山峰峦连绵，是横亘于闽西与赣南之间的天然屏障。客家先民选择入闽，并非觉得北归无望，而是闽西能带给其安全感。从此，大批客家先民在闽西定居繁衍，人口剧增。至唐朝建州，筑土为城，统管周边数县，商埠繁华，于南宋最终形成客家民系，并于明清时期达到鼎盛，大量宗祠建筑、府第式建筑兴建，城市定型。

（1）唐朝客家先民建州，筑土为城

根据《客家源流新论》中谢重光的研究发现，西晋末年"永嘉之

如意宫　佚名摄

古建筑　佚名摄

乱",大批中原人举族南迁至长江流域,但西晋与唐末间隔达600余年,其间世事沧桑,社会变化很大,闽西的客家起源于南宋后期。

唐末黄巢起义爆发,客家先民继续南下,到达闽、粤、赣接合部,成为闽西第一批客家先民。在唐开元时期(713—741),有29690户近10万中原汉人入闽,带来了较为先进的生产方式和技术,并参与到汀州城址建设过程中。

唐大历四年(769),陈剑刺史将城址固定下来。"筑土城卧龙山阳,西北负山,东濒汀江河,南踞卧龙山麓",即今汀州城东城墙—乌石山(又名龙首山、东山、状元峰)—横岗岭—老古井这一片,范围狭小,周经约一里余。兴贤门就在此时建成,城门洞为二进(城门楼为明洪武四年扩建,改名朝天门,弘治十二年扩修,清代重修);鄞江门(明洪武四年改为广储门)自此时起,为历代州、郡、路、府、专属治所的古老城门。唐大中年间(859)刺史刘歧筑子城,修拓陈剑所迁壁垒,称"雄镇"。

客家先民与土著民经济生活方式的融合和生产的发展带来了商业的发展,商业的发展促使长汀特色建筑和街区形成。位于子城南面(城市外围)的南大街是此时的主要居住街区之一,居民的生产和生活不限于城市内部进行。路面由鹅卵石砌成,骡马车经过响起"叮当、叮当"的铃声。土著人还从客家先民处学会了"赴墟"("赴"在客家话是"赶"之意),即通过定期集市贸易来和汉民交换劳动产品,南门外出现小规模的物品交易场所,形成店头街(是长汀的四大历史传统街区之一,国家级历史文化名街)。

(2)南宋形成客家民系,商埠繁华

南宋时期形成客家民系,经济昌盛,商埠繁华,商业街区形成。

店头街　张晓美摄

两宋交替之际，宋室南渡，更多移民集聚于此，闽西迎来了客家先民，也迎来了新的文化和生产技术。客家先民的生产工具、修筑水利的技术等也逐渐为土著民所接收和掌握。同时，长途跋涉的艰辛生活，造就了客家先民吃苦耐劳、团结互助、友善、节俭、豁达的性格，宗族内聚的移垦文化成为客家文化的主要组成部分。在与当地土著畲族先民交流融合中，保留各自优秀的文化特质，最终于南宋时期形成了闽西客家民系。因此，长汀可以说是当之无愧的"客家首府"，汀江被公认为客家母亲河。

宋慈亭　梁斌摄

　　宋治平三年（1066），郡守刘均第一次大规模地扩建州城，又开挖城壕引西溪东流，使城址得到扩展，修六门：南曰颁条；靖康元年，郡守苏公才辟门外直街五百步抵麻潭，曰鄞江；通判厅正对东南曰通远；正东曰济川；东北曰兴贤；正西曰秋成。长汀县治仍附于州城外（即城壕以南）。绍定五年（1232），"法医学之父"宋慈得任长汀知县。县境百姓苦于盐价高昂，从福州溯闽江，盐运至长汀，要隔年才能运到。宋理宗绍定五年（1232），宋慈与汀州知州李华一起，开辟了汀江航运，改从潮州沿韩江、汀江而至长汀，往返仅三个月，大大节省运费。官府将盐廉价出售，百姓无不讴歌载道。本地盛产的土纸、药材、木材和农产品也得以对外交流。但汀江却是河道狭窄迂回曲折，滩多水急船运多有不便。正如古诗所云："盈盈江水向南流，铁铸艄公纸作舟。三百滩头风浪恶，鹧鸪声里到潮州。"由于汀州的官吏和船工们在险滩恶浪中从汀江、韩江往来于汀州、潮州、汕头，经常出现触礁翻船事故，因而产生了一种祈求保护的需要，正好他们在潮州了解到妈祖能保护海上及江河航运的安全，适合自己遇到急流险滩、风波不测时，希望安全回归的心情，于是接受了妈祖信仰，并于南宋理宗嘉熙（1237—1240）年间，依照潮州妈祖庙的样式创建了"三圣妃宫"供奉妈祖三圣妃，后多次改名，清康熙二十三年（1684）妈祖被晋封为"护国庇民妙灵昭应弘仁普济天后"，汀州的"天妃宫"随之也改为"天后宫"，每年举行春秋二祭。在当时的历史条件下，汀州人民在妈祖信仰的支撑下，产生了战胜汀江航运种种困难的智慧和勇气。

天后宫　胡晓钢摄

汀江　佚名摄

　　他们将大量土特产运到潮汕以至出口东南亚各国，再将盐、海产、布匹百货运回汀州，使汀江的船只出现"下河三千，上河八百"的繁荣局面，促进汀州的经济快速发展，长汀成为闽、粤、赣客家"金三角"地区的物资集散中心。长汀的人口也随之骤增。

当时很多人住在靠近汀江的城外,形成了汀江以东的水东市场,而后逐渐扩大成水东街,并延伸至半片街。水东街商号林立,人流如潮。宋汀州太守陈轩的诗"十万人家溪两岸,绿杨烟锁济川桥"便道出了宋代水东街的繁荣。后来,不断搬迁到水东街的住户或店家都在水东街建起了式样统一的骑楼。汀州城内的一些富豪大户看出水东街是块旺地,便也在水东街投资盖房。东大街汇集了富豪商贾及小商贩们的居所。以朝天门为界,形成了两种风格迥异的建筑风格。朝天门内为较大规模的商铺和住宅,朝天门外为较小的商铺与住宅。

东大街朝天门　　佚名摄

宋元时期,由于靠近汀江的优越地理条件,东大街附近兴建了大量的建筑,主要集中在东大街、府前街、横岗岭附近。兆征路上的汀州元代时为汀州卫署,明代是军事机关汀州卫,清顺治十八年(1661)才改为学宪公署,后为福建省苏维埃旧址。店头街也得到了进一步的发展和繁荣,但居民主要生活在城外。据《临汀志·坊里墟市》记载,由于内城面积较小,居民多住在城关外,内城仅三坊(宋代实行的是厢坊制),而城外则形成了将近二十坊,城市空间整体格局呈现为内外双城的格局,内城北部为卧龙山,主要分布着府治、宗庙、文社等重要职能性建筑与权贵阶层的府邸。

古代汀州试院　胡晓钢摄

（3）明清客家文风鼎盛，城市定型

客家人历来崇文重教，在明清时期文风鼎盛。始建于明代的状元峰白沤亭是汀州的标志性建筑，也是汀州文风鼎盛之佐证。明清时期的汀州试院，是汀属八县"读书人考秀才的场所"，为古汀州作为闽西文化中心的代表性建筑。汀州四堡是明清两代中国雕版印刷基地之一，出版物曾垄断江南，行销全国，远播海外。还有诸多宗祠建筑和府第式建筑在明清时期建成，重檐歇山顶楼阁建筑，保持了明代的风格；建于清末的东大街赖镜湖宅为二进传统民居。经历宋元明清四代后，南大街基本确定了其作为居住街区的历史文化特色。南大街两侧多为富裕人家宅院和宗祠所在，建筑风格上体现了客家府第式建筑特色，气派讲究的木雕，考工精细的建筑刻画，体现了客家建筑细腻的艺术风格和价值。现存建筑包括赖氏坦园公祠（明代）、紫云公祠，以及赖氏家庙、新巷古家祠堂群等。

汀州文庙　佚名摄

沈家大院——九厅十八井　佚名摄

明清时期，航运得到进一步发展，汀州经济昌盛，贸易发达。随着人口的增多，客家人发挥智慧，在汀州城内建立了高效交通网络，城市定型。县治居民在城墙外，不利于生活活动及抵御外敌，建县治城墙迫在眉睫。明嘉靖四十年（1561），郡守杨世芳及长汀知县王邈，筑土为县城，总长六百一十九丈九尺，使长汀城形成了两圈城墙，内圈为汀州府城墙，外圈为长汀县城墙。明万历四十三年（1615），守郡沈应奎倡议拆除府城墙，使州县城合并。明崇祯九年（1636）增修城墙至六百七十五丈，府城墙部分拆除，完成州县城合一的规划。这时的城墙以汀江为界，从东向南绕到西，一直围到卧龙山山襟，构成挂壁城池，把半个卧龙山都圈进城内，形成城内有山、山中有城的城市格局，从远处山下望去，古城墙犹如"佛挂珠"。

古城墙　佚名摄

济川门　林育荣摄

城内街巷受城墙走势的影响，有别于传统的"棋盘式"路网格局，并以汀州试院为圆心呈同心圆状向外扩展，南大街、店头街、东大街、兆征路、水门巷等古代的城区主干道形成了以汀州试院为端点的路网结构，由乌石巷、五通巷、横岗街等次干道，县前街、新新巷、青云巷等支巷组成，围绕汀州试院形成环状。这些道路大部分为传统小巷，宽度一般在2～4米，房屋高度在两层以内，适宜于步行。道路以卵石铺街，融合和继承了古闽越国的"干栏式"建筑传统。长汀古城街巷取向无论东西南北，多与周围山体相对，使得城市与自然环境有机和谐结合，显示出浓郁的传统文化色彩，充分体现了我国古代城市规划"天人合一"的理念。

明末清初，外地商人、工匠日益增多，各种作坊、商店、客栈逐年增加，许多人在长汀定居，城市人口急剧增长。城址的范围逐步扩展到城外，即水东市场外的一大片地区。清朝中末叶，城外形成了桥下坝街，以及其他众多的街巷。至此，长汀城址基本定型，成为闽西最大的城市。

3. 客家风情文化

客家先民与土著的相互融合和相互同化不仅包括经济生活，还有风俗习惯、宗教信仰、社会意识、语言、艺术等方方面面。

（1）客家方言

长汀是一个"纯客县"。传承和研究语言是对文化的探索和发扬，长汀客家话保存完整且独具风格，具有极高的语言学研究价值，也是现代客家人追根溯源的重要线索，更是长汀地区在新时代发展复兴的动力。

（2）艺能文化

"客家艺能文化"指的是在客家地区所流行的戏曲、曲艺、音乐、舞蹈、歌谣、杂艺等。长汀的客家艺能文化主要体现在其多年来形成的民俗活动当中，其中主要的几种形式包括戏曲、曲艺、舞蹈、杂艺、音乐等。

①戏曲文化

长汀较为有代表性的是客家汉剧、客家采茶戏与木偶戏。

客家汉剧，原名外江戏，又称乱弹，源于湖南祁阳戏（又称楚南戏）。自清代乾隆年间传入闽西，迄今已有两百多年历史，期间不断吸收当地方言和民间音乐，于嘉庆年间逐步衍化成闽西本地的地方戏曲剧种。客家汉剧以西皮、二黄为主，并有昆腔、梆子腔、弋阳腔、佛调、民间小调等多种声腔。角色行当有小生、老生、丑、乌净、正旦、青衣、婆角等。以外江弦即闽西人称"吊规"作伴奏弦乐，配之以月琴、三弦、月胡、笛、唢呐、古筝、琵琶、青铜大锣、圆通大鼓等各种乐器，舞台气氛热闹、紧张。代表剧目有《大闹开封府》《百里奚》《兰继子》《二进宫》等。

长汀采茶戏源于江西九龙山，在清末民初时传入长汀，剧目以反映男女爱情、悲欢离合、伦理道德和善恶报应的故事居多。传统剧目有一百多个，主要代表大戏有《赵玉林》《青龙山》等，深受长汀人民和外来游客的喜爱。

长汀的木偶戏又称傀儡戏,是在长汀地区得到广泛流传的一种民俗艺能。大凡年节喜庆,迎神赛会,均有木偶戏的表演。传统剧目有一千多个,代表性剧目有《大名府》《收三徒》等,影响较为广泛。

②曲艺文化

南北词在长汀有着深厚的群众基础,南北词中的"南词"原为江苏扬州一带的清唱滩簧,"北词"原为湖北黄梅的文曲,二者结合而形成南北词。南北词多在长汀地区婚聚寿诞以及节庆之日演出;平日则常有几位知交好友,集聚一处,自得其乐。传统曲目有《天官赐福》《花魁醉酒》《宋江杀惜》《九子升官》等。

③舞蹈与杂艺

长汀地区较为著名的有踩马灯、舞狮、跳海青以及仙女洗镜。踩马灯多与花灯、龙灯一起在春节期间表演,其主要表达一种吉祥如意的美好愿景。"踩"在当地是跳的意思,"踩马灯"即跳马灯舞;"灯"与"丁"近音,是"添丁"的意思。因此,其整体的含义就是跳马灯舞来添丁,具有极强的现实含义。长汀县一带的舞狮有"文狮""武狮"两种形式。"文狮"由五人表演,二人扮演狮子,一人滚球,一人饰笑和尚,另有一人扮猴子;"武狮"注重武功,有跳跃、跌扑、直立等技巧。"跳海青"是闽西道教祭祀礼仪中的一种舞蹈表演形式,故事情节乃据《陈十四传奇》改编,内容叙述陈海青与蛇精之间的爱恨情仇。仙女洗镜约开始于清末,原为道教设场祭祀时的表演,后传入佛教经堂,于是成为广泛使用的宗教祭祀舞蹈。

④音乐

长汀的鼓吹乐较为出名,喜事时演奏平对、逍遥鼓、得胜鼓等,形成联套；丧事时有公嫲吹，平对；迎神、迎亲时用平对；宴饮时，间或穿插以楚剧、南词北调等。除此以外，长汀地区的山歌也具有极大的影响。1929年，毛泽东、朱德率领工农红军开辟闽粤赣革命根据地后，客家山歌便成了宣传革命道理的重要形式。在长汀地区，一队队由妇女儿童组成的山歌队，从这个村子到那个村子，唱着客家山歌，宣传革命道理，并且出现了许多兄弟、妻子唱着客家山歌欢送自己的亲人参加红军、走上前方的动人事迹。

（3）礼俗信仰

客家先民的宗教信仰包括以祖宗崇拜为主的传统宗教、佛教、道教，与土著民以信巫尚鬼为核心的各种民间宗教信仰，经过了长期错综复杂的融合。在长汀地区，大型的佛、道正统寺观亦不少。在汀州府城，有著名的佛教"八大寺"：定光寺、南禅寺、南廨寺、报恩寺、罗汉寺、戒愿寺、同庆寺、普惠寺。汀州地区的定光、伏虎是当地信仰广泛、敬拜隆重的佛。

长汀涂坊的"四月保苗"，是在农历四月廿二，为祈求风调雨顺、五谷丰登，要把定光、伏虎二菩萨抬到村中心，二菩萨各乘一轿，由四人抬着。由案主选村中跑得最快的人来抬轿，在东山寺门口的路上抬菩萨赛跑，锣鼓助阵，众人助威。跑到一半左右的地方，放下轿子，由两名轿夫抱着菩萨继续跑，来回重复七八趟，先跑到者为胜。这天就如同过节一般，对当地人有着极其重要的意义。长汀涂坊的"迎花灯"活动，是同敬奉"三太祖师"还愿活动联系在一起的。涂坊、赖坊共29盏花灯，每灯代表一个房系，花灯平时放在祠堂中，每房要在正月初十以前修整好各自的花灯，正月十一日开始迎花灯，正月十六日游灯，上灯仪式结束后，还要在祖祠聚餐。

第二篇 历史篇

闹春田　邱文珍摄

打石公　佚名摄

33

除此以外，长汀人民重教。文昌帝一直被视为主宰人间功名利禄的神，在长汀民间很受崇拜。汀州早在宋咸平二年（999）创至圣文宣王于鄞江门内横街。汀州府的文庙历宋、元、明、清四朝，现为福建省文物保护单位。

重视教育是长汀一直以来的优良传统，凡登科入仕的族人，不仅自己春风得意，还给家族带来了政治上的地位。于是，在长汀，每当有学子高中，人们经过了喧闹、排场的庆贺之后，会在宗祠大门外立起两根高高的石龙旗，作为宗族的族表。石龙旗高约10米，是用青石条凿成的，基座用长方形长条石做成，高约1米，基座上刻有考中者的姓名、功绩、生平以及立旗的时间。

在长汀，流传着涂、赖二公降服土神的故事。相传，涂氏和赖氏是最早定居在长汀的客家先民之一。生有一男一女，定为儿女亲家。土神要求每年供奉一对童男童女，正好轮到涂家和赖家，涂大郎和赖八郎商议去学法与土神斗，最后土神逃到水口，并投降请求住在水口，每年供奉水里的小鱼小虾即可。二公答应了，从此涂坊安居乐业，土神蛰居水口。这反映出客家先民的宗教信仰与土著民宗教信仰进行了融合。

传说汀州西门外的罗汉岭就有一座蛇王宫。"没有汀州府，先有蛇王宫"自古流传，蛇王宫在客家先民到来之前已存在，是当地土著民崇拜蛇的物证之一。另外，长汀县与上杭县交界处有一座灵蛇山，山麓有蛇腾寺，寺庙中塑有蛇神。汉族本没有崇拜蛇的习俗，但客家先民渐渐接受了蛇崇拜的习俗，蛇王宫成了客家人崇拜的对象，灵蛇山的蛇腾寺也插上了客家人的香火。

（4）宗族社会

长汀先民在社会激烈动荡中处于不断迁徙的状态，这种迁徙单靠个人或某一家庭的力量是绝对办不到的，随时都有被吞没的危险。求生的本能促使人们去寻求更为有力的保护，这就是血缘团体。以生物学为基础的血缘关系在社会控制不及或脆弱的地方，便外化为一种社会秩序，进而形成宗法制度，最后演变为家族秩序。

为了抵抗不断变化的外部环境，长汀各宗族必须通过各种手段来强化自身，使组织更为完善，管理更为严密，共有财产不断增加。主要体现在三个方面：第一，在民居方面，传统民居建筑是客家建筑文化的特色，它继承了中原的宗族府第式的建筑风格。客家的宗族制，实际上是大家族小家庭制，其主要形式是由众多有血缘关系的小家庭聚族而居。第二，祠堂设施的完善与族谱连续修撰。祠堂是宗族历史与荣誉的象征，是宗族的标志，是宗族实力的表征；而修族谱是加强血缘联系、巩固宗族制的另一个重要措施，族谱作为宗族的血缘纽带，牢固地将长汀客家族人紧紧地联系在祠堂这一核心周围。第三，宗族经济基础的扩大。明中叶后，由于新经济因素的萌芽，有部分长汀客家人从事专门商业活动或外出以手工业谋生。外出的族人会将外出劳动获得的钱款汇回给家族中的亲属，家族用这些桥汇置地、建屋、筑祖茔。宗族经济基础的扩大，最突出的是族田的增置，为宗族活动提供了物质基础。族田族产越多，收入越多，宗族活动就越频繁、隆重，宗族组织就能借以延续和强化。

长汀客家人的宗族社会是一个由多重结构组织所组成的、带有宗法制特征的社会。家庭、房族和宗族是长汀客家人宗族社会的三个不同层次的结构。家庭是社会构成的基本单位，是构筑房族与宗族的基本因子。房族是跨家庭的血亲组织，是由血缘较为亲近的家庭群组成的。宗族是最高形式的血缘共同体，由家庭、房族共同组合而成，由一系列的亲属关系交互混杂、层叠累积而组建成庞大的血缘群体。

长汀客家宗族有着许多功能：祭祀功能、司法功能、经济功能、文化功能和保护功能等。这些功能维持着宗族的生存和发展，保证宗族作为一个整体同外界进行联系和交流。首先，长汀客家人有着浓烈的祖先崇拜意识，长汀子孙们祭有时拜有期，无论是年节之时还是婚嫁之际，都要诣祠告庙、敬报先祖。通过祭祖活动的组织、引导，使族人更真实地感受到一祖相传、血脉相通的宗族认同感和归属感，对加强族人的亲和力及宗族的凝聚力有不可取代的作用。其次，作为一个群体，宗族必须维持一定的秩序，但这秩序是以血缘关系为依据，调节人与人之间的关系，没有明确的法律关系，而是以宗族的"家法""族规""族训""乡约""祠规"为基本准则；并且，宗族掌握着相当数量的共有财产，使宗族制度能够得以运行，向族人提供基本的生存和安全保障，这就是宗族制度的重要经济功能，而族产则是宗族经济的主要支柱。

聚族而居是长汀宗族制的重要外部特征，然而正是这种聚族而居的特征，限制了宗族规模的无限扩大。在一定的地域内，血缘共同体日益膨胀，生活空间日渐狭小，并最终达到饱和状态，迫使家族寻求新的生存空间以图发展。

长汀人极讲木本水源，固守自己的文化传统、风俗习惯，他们在异乡生活时，依然保持着强大的凝聚力，形成同族或同乡的小团体。汀州会馆原是长汀、上杭二县经营纸靛业商人在省城福州组织的"纸靛纲"，后由"纸靛纲"扩充为"四县纲"，进而发展为"汀州会馆"。

（5）饮食文化

口感偏重"肥、咸、熟"的闽西客家菜在闽菜系中独树一帜，长汀地区更是客家饮食文化的发源地和集中地，海内外流传着"食在长汀"的美名。2005年11月长汀被中国烹饪协会评为"中国客家菜之乡"。长汀客家人继承了中原饮食文化，在南迁后适应新的饮食原料和遵从当地的习俗，并受当地土著、相邻民系（广府闽南）及其他民系饮食文化的影响，形成了独特的风格。其饮食文化源远流长，美食产品种类丰富，色香味俱全，长汀豆腐干、汀州伊面、灯盏糕、芋子包、仙人冻等风味小吃，白斩河田鸡、香酥鸡、东坡鸭、豆腐圆等传统菜肴，都来自长汀。

百鸭宴　黄萍摄

客家人爱吃素，习惯用茶油、菜籽油等植物油，最偏爱的素食为豆腐；长期的山区繁衍生息，让野菜、野果成为客家人餐桌上重要的一部分；客家人爱吃粗吃杂，以稻米为主食，惯食番薯、芋头等各类杂粮，形成了具有浓郁客家特色的笊篓饭、席带饭、钵仔饭等特别的美食，汀州地区还有吃"熟米"的习惯。

客家人爱饮酒，特别是糯米黄酒，拥有红娘酒、杨梅酒等特色酒类饮品。客家酒文化还催生了不同文化行为，如乡饮酒、野炊酒等酒席分类，以及客家酒令等独特伴酒活动。客家饮食文化中，筵席的座次都有许多讲究和说法。

除此之外，长汀客家人还保留了擂茶的制作工艺，"无擂茶不成客"，擂茶也是客家饮食文化中，感情沟通、邻里和睦的体现；而客家地区茶亭（供行人歇足、饮茶、遮光、避雨的亭子）众多，更显示着客家人的乐善好施、重义轻财、团结互助的美德。

阳明亭　佚名摄

客家饮食文化在某种程度上也体现了客家民系的发展历史和性格特点。随着客家人的不断壮大迁徙，客家饮食文化在海内外、在全国各地都扩散开来并出现不同程度的分化。长汀作为客家饮食文化的源头，不管从保留历史印迹还是新时代发展的角度，都应当更好地了解、传承饮食文化；而长汀独特、丰富的饮食文化也是当地旅游产业的天然优势和巨大动力。

（6）地名文化

长汀古城大街小巷星罗棋布，其街巷地名均颇具地方特色，大多有着悠久的历史，在一定程度上反映了长汀丰富多彩的传统文化，如：肖屋塘边、郭家巷、杨衙坪等，以姓氏命名；白马庙前、罗汉岭下、文昌宫前等，以庙宇命名；铸锅寮下、牛皮寮下、斗笠社下等，以手工艺作坊命名；府前街、县前街、照壁背等，根据衙门、营寨、驿站、关卡等命名；梅林、角落子树坝哩、黄竹兜下等，根据动植物命名；汀江巷、塘湾哩、大井头等，根据江河塘井命名。

4. 客家名人

"门前一对桅杆竖，表旌门第是书香。"客家先民来自中原和江淮文化发达的地区，定居赣闽粤山区后，仍秉承中原遗风，讲求"学而优则仕"，追求读书进取、踏上为国为民谋福利的仕途，这造就客家人尊师重教、忧国忧民的民风品质。长汀作为客家首府，从古至今涌现了许多文人清官、爱国将领，推动了闽西地区乃至中华民族的发展进程。

刘国轩（1629—1693），长汀四都溪口人，字观光，明郑时期重要的军事将领，早年即以智略闻名乡里。遇清军入关扰其乡里，年仅15岁的刘国轩就献伏兵计并亲自指挥乡民大破扰民之敌；1654年投到郑成功麾下并参与了1661年收复台湾等战役，后受封镇国公；1683年8月，在说服郑克塽后归顺清朝，实现大陆和台湾的统一。清之后在天津任上进行建设，政绩卓著，病逝后，康熙帝追赠他为光禄大夫、太子少保。

上官周（1665—1752），长汀南山官坊人，原名世显，后改名周，字文佐，号竹庄山人，清代著名画家，闽西画派的开创者。

上官周亭　梁斌摄

郑克明（1856—1913），长汀人，清光绪十五年（1889）进士，内阁中书，奉直大夫，清末民初客家诗人。一生从事教育和社会公益事业，曾任长汀县参议会议长。1909年6月至1910年1月任汀郡中学堂监督。他为人坦荡磊落，耿直厚道，淡泊名利，乐善好施，待人以诚，治学严谨，深得莘莘学子和社会贤达钦仰拥戴，又遵循"不为良相，宁为良医"的祖训，潜心医学，治病救人，深得社会好评。

孙中山（1866—1925），中国近代民族民主主义革命的开拓者。

杨成武（1914—2004），长汀张屋铺下畲村人，中国共产党优秀党员，共产主义战士，无产阶级革命家、军事家。于1929年参加革命，1930年加入中国共产党。17岁当上团政委，后任红1军团第1师政治委员，指挥过抗日战争、解放战争，为创建新中国立下了不朽功勋。1955年被授予上将军衔。1955年获一级八一勋章、一级独立自由勋章和一级解放勋章，1988年获一级红星功勋荣誉章。

项南（1918—1997），福建省连城县人，虽然不是长汀本地人，但他对长汀地区建设事业有着巨大贡献，在长汀留下了深厚印迹。早年随其父项与年从事闽浙赣边区革命根据地开辟工作。1938年，加入中国共产党。1949年2月，赴皖中开辟新区。新中国建立后，先后任安徽省青年团书记、华东局青年团书记、团中央书记、中共福建省委第一书记、省军区第一政委，党的第九届、十届、十一届、十二届中央委员会委员、中共中央顾问委员会委员。20世纪80年代初，时任福建省省委书记的项南高度重视长汀县以河田镇为中心的水土流失面积问题，在多次考察的基础上，于1983年总结并提出水土保持"三字经"，由此掀起了大规模水土流失治理，并在此后11年间多次到河田镇视察水保生态建设，使长汀县水保生态建设取得了显著效益。长汀人民为纪念项南同志在治理水土流失方面所做的贡献，于1999年6月在河田镇露湖村建立了项公亭。

长汀地区涌现的客家名人和他们的辉煌事迹，体现了客家人的优良传统。保护本地的光荣记忆既是传承品质、记住历史的要求，也是地区文化宣传的需要。

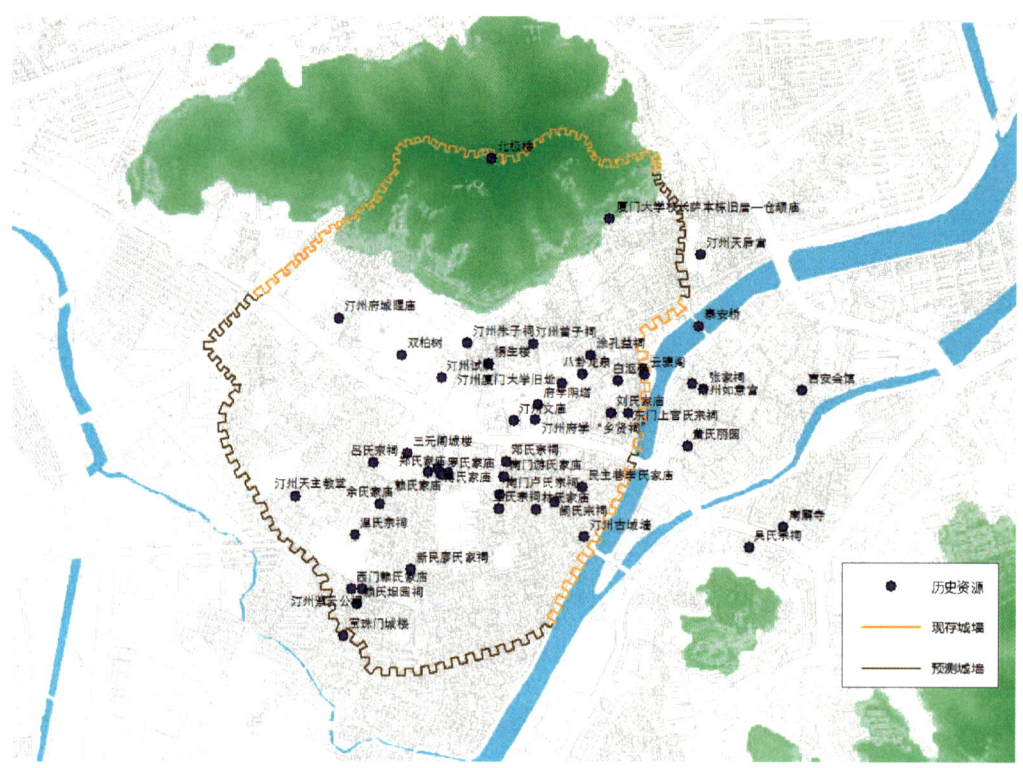

客家及历史文化类资源分布示意图

（二）红色文化——"红色小上海，长征出发地"

客家民系的发展不仅表现在人口的增长和分布地域的扩大方面，更表现在客家人一次次前仆后继地参与汉族人民抵御外族入侵的民族斗争和推翻异族统治的革命斗争，客家精神在血与火的洗礼中获得升华的方面。因此，长汀不仅拥有深厚的客家文化，还拥有丰富的红色文化，是"红军的故乡"，为中国二十一个革命圣地之一，是四个红军长征出发地之一。第二次国内革命战争时期，长汀成为毛泽东缔造的中华苏维埃共和国唯一的苏区市——汀州市，被誉为"红色小上海"。

红色小上海　　吕行者摄

1. 红色文化历程

第二次国内革命战争时期，长汀是中央苏区的核心区域，是中央苏区的经济文化中心。在长汀，红军第一次统一了军服，发放了军饷，建立了第一所红军医院，成立了第一批国营企业。1931年春，第一家中央苏区红色出版发行机构——闽西列宁书局在长汀创办。闽西、赣南第一个红色县级政府的建立，揭开了创建闽西革命根据地的序幕。毛泽东在《清平乐蒋桂战争》中写道："红旗跃过汀江，直下龙岩上杭。收拾金瓯一片，分田分地真忙。"他在诗词中高度赞扬了闽西革命的大好形势，热情讴歌了长汀革命斗争的伟大胜利。

（1）第二次国内革命战争期间

1927年9月，八一南昌起义军陆续抵达长汀，郭沫若作为前线委员会政治部主任上街宣传起义部队的方针政策。第二次国内革命战争期间，长汀创造了丰富的革命历史。红军在长汀取得了入闽第一仗的胜利，解放了汀州城，建立了闽西苏维埃政府，成为闽西政治、经济中心，被誉为"红色小上海"，成为红军长征出发地之一。

①红军入闽第一仗——解放汀州城

1929年3月,毛泽东、朱德、陈毅等同志率领工农红军第四军在这座千年古城进行了为期20天的革命活动。长岭寨一战,一举歼灭国民党福建省防军第二混成旅郭凤鸣旅,打响入闽第一仗,为中国革命和苏维埃运动奠定了坚实的基础。胜利后,红四军兵分两路,长驱直入长汀城,一路就从宝珠门(始建于明嘉靖四十年,门坐北朝南,为双重城门,中间由养马房连接)进城,这就是红四军首次入闽,解放长汀城,具有历史性意义。1937年,朱德总司令在延安接受美国记者史沫特莱采访时,曾这样感慨:"长汀的意外战果,是中国革命的一个重要转折点。"

古老的汀州城,人口两万余人,物产丰富,商贾云集,手工作坊遍布城乡各处,是红四军创建以来解放的第一个县城。红四军在汀州城开展各项革命活动,在长汀地方党组织的积极配合下,没收了十余家反动豪绅的财产,其中部分给每位指战员4元零用钱。同时,在所缴获的国民党福建第二混成旅被服厂的基础上建立中央军事委员会临时被服厂,赶制4000套军服,红军的第一批正规的军装诞生了。

1929年3月中旬,毛泽东、朱德在长汀云骧阁(始自唐大历年间,宋代起辟为风景区)召开工会、农会和各行各业代表大会,宣告闽西第一个县级红色政权——长汀县革命委员会成立。该革命委员会招收了60位贫苦工农青年,成立长汀赤卫队,军部派林俊到赤卫队任队长,并选派一批优秀的军事干部加入赤卫队。从此,赤卫队不断壮大发展,为创造闽西革命根据地做出贡献。1929年5月,红四军再次入闽,20日,由长汀水口横渡汀江,直插闽西腹地。

②闽西苏维埃政府所在地

1930年3月18日在龙岩召开了第一次工农兵代表大会,成立了苏维埃政府，后因敌人进攻龙岩，闽西苏维埃政府迁到长汀（即汀州试院旧址），打下了良好的组织基础。1930年6月中旬，在汀州的南寨广场召开整编大会，正式宣布中国工农红军第一军团成立，毛泽东、朱德都在大会做了重要讲话。1930年底，闽西工农银行创建。1932年中华苏维埃共和国国家银行创建，选址在水东街打油巷黄宅，行长为毛泽民。目前留存了诸多汀州印制的票据，凸显了汀州在中央苏区的经济中心地位。

1932年3月18日，福建省第一次工农兵代表大会在长汀（汀州试院旧址）召开。1929年3月、11月，1930年6月，红四军前委扩大会议在辛耕别墅召开。汀江巷的辛耕别墅也是毛泽东、朱德的住所，是红四军政治部、司令部所在地。朱德与康克清在辛耕别墅举行了俭朴的婚礼，这一佳话至今仍在长汀城乡传扬。赣南闽西苏区连成一片，长汀成为中国革命史上的重要转折点。

③红色小上海

1929年1月发布《红四军司令部政治部公告》，毛泽东亲自起草《告商人及知识分子书》，保护私人经营，水东、兆征等密布商店，汀州城成为中央苏区贸易中心。红色革命在此遗留下了诸多以传统民居、祠堂、庙宇建筑为载体的红色文化。载负红色文化的建筑主要集中于水东街区、汀江两岸以及卧龙山下。其中，福建省职工联合会旧址（刘少奇旧居）位于长汀传统商业街区——水东街的中心地带，原为汀城张氏家祠，是清代穿斗抬梁式土木结构的客家祠堂建筑风格，由大门、前厅、后厅、后楼组成。

1930年至1933年7月，长汀把农业生产放在经济发展第一位，要求福建苏区粮食收成能保障群众生活和革命战争需求；大办军需民用工业，开展对外贸易，组织各种类型的手工业合作社，以打破敌人经济封锁。利用本地丰富资源，组织纸业合作社，设立了中华纸业公司、中华苏维埃贸易公司、中华商业分公司等一批贸易机构；设立国家银行福建分行，发挥银行在经济建设中的杠杆作用。在苏维埃法律范围内，允许和鼓励私人经济的发展。其中，苏区时期纸业旺，货畅其流百业通。生产的玉扣纸吸水不易褪色，畅销新加坡、马来西亚、日本等地，繁荣了汀州城乡经济。中华纸业公司购销土纸盈利成为汀州市主要的财政收入之一。纸业繁荣了苏区经济，粉碎了敌人的经济封锁。1931年秋后，长汀成为中央革命根据地经济中心，被誉为"红色小上海"。

1932年2月，闽西军区在长汀成立，后改为福建军区，司令员罗炳辉（1933年10月由叶剑英继任），政治委员谭震林，政治部主任谭政。1932年3月，中国工农红军福建省军区政治部在长汀创办报刊《红色战线》；1934年7月，中共福建省委在长汀创办《战斗报》。

④红军长征出发地之一

长汀县松毛岭，是长汀与连城交界处，地势险要，历来为兵家必争之地。在1934年第五次反"围剿"最关键的时刻，这里是中央苏区东面的最后一道屏障。在这里，中央红军和闽西地方武装以1万多兵力抵抗国民党正规军7万人的进攻，在飞机、大炮的轮番轰炸下，坚守松毛岭阵地七天七夜，用鲜血和生命为党中央机关和中央主力红军战略转移赢得宝贵时间。当红军战士胜利完成阻击任务，接到战略转移命令的时候，松毛岭已成为一座血染的战地，红军战士伤亡6000多人。

1934年10月红军战略转移，开始长征，长汀成为中央红军二万五千里长征的四个出发地之一。刚进村，一座写着"红军桥"三个大字的桥梁横跨在面前。在廊桥的上方，"救国不分男女老幼"八个大字，让人肃然起敬，历史气息扑面而来。因为当年红军征兵处就设在这里，因而被称为"红军桥"。在廊桥中间的一根柱子上，一道明显的划痕记载着一段"生死等高线"的历史，当年红军战士以带刺刀的枪的高度为标准在柱子上划线，年轻人的身高超过这条线就可以参军上战场。与红军桥相连的，是一条用卵石铺砌而成的古道。这古道为汀州通往上杭、连城的一段古官道，街两边为土木结构的瓦房店面，自古以来商贾云集，极为繁华。当年这条古街道为红军提供了大批物资，因此又被称为"红军街"。红军长征前夕，长汀苏区群众生产筹集了大量军衣、斗笠、被单、纱布、粮食等物资，全力支前；22000多名优秀长汀儿女踊跃参加红军，涌现出共和国开国将军13名。

红军桥　佚名摄

红军主力长征时，瞿秋白因患肺病留在江西瑞金坚持游击战争，因为肺病日益严重，中央决定派人送瞿秋白到上海就医。在奉命转移途经长汀县小迳村时，他突遇国民党保安团部队包围，不幸被捕，囚禁在福建省苏维埃政府旧址。面对敌人，瞿秋白不卑不亢，严词拒绝国民党的高官厚禄，而对党的机密，他始终守口如瓶，并在秋白亭（位于长汀一中内）就义。为了纪念这位伟大的无产阶级革命家，1951年，在瞿秋白烈士就义的地方建起了一座"瞿秋白烈士纪念碑"。2006年，在纪念碑旁又建立了"瞿秋白烈士纪念馆"。在瞿秋白烈士纪念馆里，一张张图片讲述了瞿秋白少年觅渡、传播真理、领袖生涯、文坛巨匠、苏区岁月、从容就义和诸夏怀霜的光辉事迹。

瞿秋白烈士纪念碑　修松摄

（2）抗战期间

七七事变后，平津沦陷，淞沪激战，厦门大学师生长途跋涉到古城长汀。长汀群众让出自家的房屋给厦门大学做校舍，萨本栋校长在好客热情的长汀民众帮助下恢复课程。长汀地处抗战后方，方便东南数省学生求学。江苏、浙江、上海、湖南、江西、广东等地青年长途跋涉，纷纷辗转来长汀就学，极大促进了厦门大学在战时的发展。为了配合抗日救亡宣传，厦门大学率先在长汀成立了"厦大剧团"。厦门大学在长汀成立数理学会的时候，华罗庚亲临参加。李四光曾在厦门大学做学术报告。

抗战爆发后，国民政府军政部在汀漳军官教导大会在长汀训练，随时准备痛击来犯。1938年1月，闽西南人民抗日义勇军第一支队改编为新四军第二支队，由张鼎丞任支队司令；1939年4月新西兰国际友人路易·艾黎来到长汀，将长汀誉为"中国两个最美丽的小城之一"。

2. 长汀红色记忆

（1）福音医院——红色医院

清朝末年，大批传教士来汀州传道布教、游历考察。第一个进入汀州（第一个长住汀州）的是杜克斯医生。1900年初，他在汀州学习客家话，同年夏天，因为义和团运动回到厦门。英国传教士布莱尔夫妇都是医生，在汀州传教，也为当地人治病。客家人热情好客，使布莱尔夫妇很快融入当地生活。客家人勤劳善良，为外国传教士的布道和生活提供了便利。在外国传教士的带领下，汀州教会发展迅速，实现本土化。1904年英国基督教会创办福音医院，有内科、外科、骨科、五官科、妇产科、皮肤科等，医疗技术和设备在汀州八县首屈一指。1929年3月毛泽东、朱德率红军从井冈山转战到长汀，解放汀州城，伤员由福音医院医治，为伤员接种牛痘疫苗。1929年至1930年院长傅连暲以福音医院名义订购报纸，供毛泽东获悉国内形势。福音医院还一面收购药品器材秘密转运苏区，一面作为我党秘密交通联络据点，建立了一条从汀州至上海的秘密购药运输线，为苏区采办大批药品和医疗器械。1932年秋毛泽东在福音医院看病，而后在老古井修养所修养。期间，毛泽东提出要多培养医护人员。次年，在福音医院不远处万寿宫创办了中央看护学校，为红军输送了一批医务工作者。福音医院早已成为红色医院，只是为了在白区采购药品和订购报纸的需要才保留了基督教会的名字。1933年，医院搬迁到瑞金叶坪，正式命名为中央红色医院。

福音医院　佚名摄

（2）红色邮局——赤白并存

1931年10月，闽西交通总局随闽西苏维埃政府迁到汀州城，并升为福建省总交通局，1932年10月，改为中华苏维埃福建省邮务管理局，局址设在汀州五通街。苏区重视通邮事业，1929年3月解放长汀后除建立红色邮局，还保留白色邮局（中华邮政局，在三官巷，与五通街仅一巷之隔）。汀州赤白邮局并存，开创国共通邮新局面，是苏区邮政的一大特色，也是中国共产党尊重人们通信权利、保护人们通信自由的历史见证。邮递员的标志是身着绿背心，胸前贴有"邮政"二字，头上戴着印有"中华苏维埃邮政"徽记的帽子，并佩带袖章，夜间送信两人同行，提着写有"邮政"二字的灯笼或马灯。当红军处于游击战和反"围剿"时期，邮递员既是通信员，又是战士，经常在与敌人的搏斗中完成通信任务。

（3）兆征路——革命街道

1933年9月，为纪念省港大罢工主要领导人苏兆征（1885—1929，中国无产阶级革命家、中国工人运动领导人之一）而将府前街命名为兆征路。兆征路作为一条革命性城市街道，串联了各大红色文化资源，清代以前称府前街，民国时称中山街，是长汀最重要的干道之一。

沿着建于唐大历年间的汀州府城隍庙向东，一扇古朴拱形大门伫立路旁，院式结构的建筑清雅、恢宏，院内千年双柏参天繁茂。汀州试院在明代是汀州卫八县科举应试秀才的场所，第二次革命期间是福建省苏维埃政府所在地；1932年3月18日，福建省第一次工农兵代表大会在此召开；1934年10月，红军长征后，此地也成为国民党三十六师的师部。

红色文化类资源分布示意图

（三）生态文化——"最美山城，水保典范"

长汀生态资源丰富，水绿山青、群峦叠嶂，"一川远汇三溪水，千嶂深围四面城"，拥有汀江、金沙河、西河等河流，青山环抱，绿水长流。旧有汀州八景，分别是龙山白云（卧龙山）、云骧风月（云骧阁）、霹雳丹灶（中医院）、拜相青山（方方公园）、朝斗烟霞（朝斗岩）、宝珠晴岚（宝珠峰）、苍玉古洞（苍玉洞）、通济瀑泉（通济岩）。

1. 选址典范

历史上长汀的选址和城市布局十分符合传统思想，展示了人居环境科学，强调天人合一、人与自然环境的和谐共处，堪称古城选址典范，是生态文化的重要体现。

汀州府城初期的选址在晋代新罗古城以东的东坊口、今长汀县大同镇草坪村，但因当地瘴气严重，居民无法生存，而后迁至白石村。由于北靠卧龙山、东临汀江，因此城市建设时，多将卧龙山、汀江作为城市防御的天然屏障，依山傍水而建，汀州府的主要功能性建筑以及权贵仕族府邸也倚山而建。古城的山水格局特色可概括为"三山两水一轴三圈"。"三山"指卧龙山、拜相山和南屏山；"两水"指汀江和西河；"一轴"指城市中轴线；"三圈"分别指城墙圈、卧龙山南盆地圈和周边山峦围合圈。据《汀州府志》记载，传统视角下的汀州城龙脉自江西石城、福建宁化经温地、翠峰入长汀县，具体指从福建江西交界处铁长洋坊的鸡公龙脉，经铁长乡大悲山、温地和大同镇翠峰而来，经脱卸再隆起形成卧龙山。卧龙山南麓的九条山脊，形成九龙汇入长汀古城之势。长汀古城就位于龙穴上。南屏山是长汀古城的"案山"，扁平的形状在传统上称为"玉几山"。拜相山位于青龙位，山势不够高，故建万魁塔（现上上塔的位置）以增山势。后部层叠的山峦称为长汀古城的主山或祖山；左右层叠的山峦是长汀古城的"护山"；前部的高峰是长汀古城的"朝山"。从堂局看，汀城水环境极合"天门开地户闭"的美学要求。县城边曲折流过的河流使古城形成山环水抱之势，即所谓的"腰带水"。汀城总水口在城西南麻潭，为南屏山与西山的会合处，两山互不相让形成水口，形成聚气之势、形似子宫的盆地。

2. 水保典范

长汀县城东郊十里铺（现名师福村）是一处风光优美、土地肥沃的好地方，同时也是沟通汀东与三明县市的主要通道。在这里有一处千年水利工程——定光陂，它并非陡峭凌空的陂坝，而是像一袭领口袈裟，坚如磐石地守立在江面上。这项工程没有使用任何的三合土砌痕，也没有使用木桩加固等工艺，仅仅依靠石块堆垒而成。可以说，这是世界上罕见的水利工程古建筑，其中奥秘，至今无法破解。它历经上千年无数次的洪峰洗礼，却稳如泰山，像一把捺刀形横里斜锁在开阔的汀江上。每遇发洪水时，水流可从陂顶流泻而下，枯水季节却有效拦截江水从引水口出水，为村民、农田服务。修建定光陂在当地有个美丽的传说。据传北宋年间，十里铺天旱无收，村民外流逃荒，田园荒芜。汀州开元寺高僧定光禅师（俗姓郑，闽南同安人，能镇蛟除害，为民做了许多好事）看到村民痛苦不堪，逐发善心筑陂引水，消除旱情。他在木鱼山搭棚住下，每日沿汀江勘察江形地势，口中念念有词："筑陂筑陂，垒石半里。"有天半夜他用"鞭石之法"把汀江之滨海螺墩的巨石赶到筑陂的地方。这奇异之事引起了附近村民的惊叹，因此，大伙儿自觉主动地协助定光禅师，把巨石滚到河里，垒石成陂，并开渠引水灌田。村民对定光禅师的"神工垒石"甚为敬佩，因此，将此一水利工程称为"定光陂"。

早在20世纪40年代，长汀就与陕西长安、甘肃天水被列为全国三大水土流失治理实验区。1940年12月，中国最早的水土保持机构——"福建省研究院土壤保肥试验区"在长汀河田设立，当时的政府试图治理长汀水土流失，但收效甚微。新中国成立后，历届省委和省政府高度重视长汀水土流失治理工作。从1949年12月成立"福建省长汀县河田水土保持试验区"开始到1983年，长汀县对水土流失进行了初步治理，取得了一定成效。其间，遭遇"大跃进"和"文化大革命"，初步治理的成果遭受了严重损失。

党的十八大提出把生态文明建设作为我国的发展战略任务之一，标志着我国的中国特色社会主义现代化建设进入了一个更高的发展阶段。长汀作为习近平总书记在福建省府工作期间的直接联系点，是生态治国理念的实践起始点。习近平同志五下长汀，到中央工作后，习近平同志

水保科教园　佚名摄

又多次做出重要指示,强调"进则全胜,不进则退",要持续加强长汀水土流失治理。长汀人民经过几十年艰辛努力,以"水滴石穿、人一我十"的精神,将过去水土流失严重的"火焰山"陆续改变为绿树满山、花果飘香的"花果山",创造了中国南方治理水土流失的新模式。

鸟瞰古城　陈成才摄

第二篇 现状篇

将特色文化、特色资源及基于此的特色发展,不断融入国家发展战略,在活化发展的过程中,实现活态传承中的有效保护、在有效保护前提下的合理利用,能让传统特色文化及其资源散发出绚丽光彩,更好发挥服务当代、造福人民的重要作用,这是长汀特色创新发展的重要任务。

长汀的创新发展是基于长汀国家历史文化名城的保护利用,在发展的过程中,突出在文化保护理念上紧扣"古韵"和"生态"四字做文章;在名城活态利用定位上坚持"以金镶玉"的规划理念;在旅游整体发展布局上追求"众星捧月";在名城保护利用管理运作上突出"资源共享";在名城风貌设计上突显"地方色彩""特色发展";在重要决策实施上坚持走"群众路线",最终形成在保护、传承与利用中凝聚强大的前进动力。

(一)缘起:中国最美的小城之一

1939年4月,一位满头金发的外国人在司前街吃了一盘他最喜爱的芋子饺后,惬意地来到水东桥下,沿着汀江岸边散步。夕阳下的汀州城,余晖斜照在南屏山上,云骧阁的古树倒映在龙潭的水中,乌篷船上的艄公卸完货物，循着徐徐升起的炊烟，晃悠悠地朝着江边的吊脚楼，回到了自己为之眷恋的家中。

这位外国人不由被眼前的美景看待了，这是一幅不需渲染的中国画卷啊！他由衷地感叹，在我到过中国的这么多城市中，有两座最美山城，一座是湖南凤凰，一座是福建长汀。

这个外国人的名字叫路易·艾黎（Rewi Alley），1927年来到中国，受到马列主义的影响，在中国创办了工业合作社运动组织（简称工合），成为失业工人和难民生产自救、支援抗战而兴起的一支独特的经济力量。这次来长汀，是受宋庆龄先生的委托，为工合组织创办东南办事处。此时正是抗战最艰苦的时期，日寇已经占领了福州、厦门等沿海城市，位于福建西部山区的长汀，因为山高路险，日寇的地面部队无法到达。沦陷区的难民纷纷涌进长汀城，厦门大学也内迁到了长汀。正是因为地理位置和人才聚集的优势，长汀就成为工合组织东南办事处的最佳选择。

即便是战火纷飞的年代，长汀，依然是一座寄托着梦想和守护着安宁的小城。

今日长汀　佚名摄

(二)盛世:何去何从的汀州

习近平总书记指出,文化是一个国家、一个民族的灵魂。在当代中国,文化自信是具有科学性的时代命题,是中华民族生生不息、走向复兴的精神源泉,是中国特色社会主义破浪前行、繁荣发展的精神武器,是中华民族屹立世界、面向未来的精神脊梁。

当前,长汀这座国家历史文化名城的保护与修复工作已经如火如荼地开展,在这个"蒸蒸日上、欣欣向荣"的大好时机,我们也要按照习总书记"乘势而上,起而行之"的要求,把汀州名城保护好、修复好、建设好。

古建筑是一个民族、一座城市的生动面孔,也是生活在历史之中的

一江两岸新景　王亮摄

一部分人的共同记忆和身份凭据。长汀拥有"历史、客家、红色、生态"四张文化名片，是国务院 1994 年公布的第三批国家历史文化名城之一，保护核心区 2.48 平方公里，是福建省四个国家历史文化名城当中唯一的县级城市，也是唯一将原有古城格局基本完整保护下来的一座城市。长汀人民保护名城意识由来已久，早在 1984 年就做出了名城保护规划，2012 年在市委、市政府的大力支持下，历史文化名城保护与利用工作全面启动。近年来，我们抢抓长汀被列为国家基础设施投融资体制改革试点县和省级文化传承新型城镇化试点的机遇，坚持一手抓古街区保护，一手抓主景区修复利用，以实现在保护中利用、利用中保护，名城保护利用取得阶段性成效。

（三）思想：不竭的动力源泉

早在福建工作期间，习近平总书记就对自然和文化遗产保护提出了一系列开创性的工作理念和实践方法。20 世纪 80 年代，在厦门工作期间，习近平同志主持编制《1985 年—2000 年厦门经济社会发展战略》，其附件《鼓浪屿的社会文化价值及其旅游开发利用》，开启了科学保护鼓浪屿的新篇章；在福州工作期间，习近平同志亲力亲为，推动制定了《福州市历史文化名城保护条例》，这是全国历史文化名城最早的保护条例之一，还组织修复了闽王祠、华林寺大殿、林则徐系列遗迹、琉球馆、林觉民故居等，首创了"四个一"工作机制。2002 年，习近平总书记为《福州古厝》一书作序，并说道："保护好古建筑、保护好文物就是保存历史，保存城市的文脉，保存历史文化名城无形的优良传统。"

《福州古厝》 福建人民出版社 2019年 第二版

党的十八大以来，习近平总书记高度重视文化和自然遗产保护工作，在各种场合提出了有关文化和自然遗产保护的重要论述。2014年2月25日，习近平在首都北京考察工作时强调："历史文化是城市的灵魂，要像爱惜自己的生命一样保护好城市历史文化遗产。"2016年4月，习近平在对文物工作重要指示中强调："文物承载灿烂文明，传承历史文化，维系民族精神，是老祖宗留给我们的宝贵遗产，是加强社会主义精神文明建设的深厚滋养。保护文物功在当代、利在千秋。"2017年7月，鼓浪屿获准列入《世界遗产名录》后不久，习近平总书记做出重要指示："申遗是为了更好地保护利用，要总结成功经验，借鉴国际理念，健全长效机制，把老祖宗留下的文化遗产精心守护好，让历史文脉更好地传承下去。"2019年8月，习近平在甘肃考察时，鲜明地提出："保护好我们的国粹""讲好敦煌故事""只有充满自信的文明才能在保持自己特色的同时包容、借鉴、吸收各种文明的优秀成果"。2020年5月，习近平来到山西大同云冈石窟考察历史文化遗产保护工作时强调:"要坚持保护第一,在保护的基础上研究利用好。"

同时,党的十八大以来,中办、国办印发了《关于实施中华优秀传统文化传承发展工程的意见》,首次以中央文件形式专题阐述中华优秀传统文化传承发展工作;《关于实施革命文物保护利用工程(2018—2022年)的意见》,要求充分发挥革命文物在培育社会主义核心价值观方面的重要作用,文化和自然遗产保护方面的制度建设架构更加清晰,责任更加明确,这些重要论述和观点,为长汀的历史文化名城保护和利用工作指明了方向。

(四)古韵:汀州的核心价值

长汀这座古城,就是亿万客家人魂牵梦绕的地方。在历史进程中,祖先给我们留下了一座美丽的山城,我们要像爱惜自己的生命一样保护好名城核心保护区"四大街区"历史遗存。长汀名城保护工作在具体的实施过程中,注重历史的真实性、风貌的完整性、生活的连续性、人文自然的融合性,坚持古迹保护、风貌保存、古韵留存原则,努力保持街区历史遗迹、古建筑的原迹、原貌。仅对一些"危、旧、破"建筑,以及行将消失的历史遗存,以不破坏古迹原有风貌、质感、环境为前提,按照"尊重历史,修旧如旧"的原则尽可能地予以修复和保护。同时,结合城市环境综合整治,大力推进历史街区周边环境优化,最大限度维持街区内传统手工业、传统作坊,但不进行大的商业活动注入,尽量避免人为破坏,以保持历史街区的韵味、宁静、风貌,使历史街区成为文化底蕴深厚、居民安居乐业的文明街区。

街区立面改造景观　王亮摄

（五）特色：完美的"以金镶玉"

目前长汀四大历史街区完备，犹如一块已经基本成型的古玉，但是还没有一个适合放置这块古玉的场所。基于这一考虑，名城工作提出"以金镶玉"的规划思路，即根据汀江河一河串联着东大街、水东街、店头街、南大街四条历史街区，两岸历史文化景观极为丰富的特点，在加强文物古迹保护的同时，集中力量实施"一江两岸"旅游主景区开发，恢复蜿蜒十余里绕城而过的汀江河旅游航运功能，使古今交相辉映，提升名城品位，拓展名城旅游产业发展空间，犹如在汀州城这块古玉周边打造黄金带，神似2008年奥运金牌"金镶玉"。在"一江两岸"规划建设工程中，又坚持建新如旧，将古汀州建筑美学形式、建筑风格融入其中，重建一批有特色、有代表性、标志性的沿江景观。同时，坚持以人为本，亲民亲水，实施建设内西河整治、古城壕修复等一批古城核心区内历史上就有的，但由于城市功能变迁导致目前被破坏或者被遗忘的城市功能肌理或脉络，把景区建设与城市功能相结合，与旅游休闲相配套，与商贸活动相适应，与汀江河道疏浚、城市交通相融合，集休闲、观赏、娱乐、购物、美食为一体，增强新开发建设项目的参与性、互动性、实用性。

一江两岸　中国结摄

（六）融合："众星捧月"的布局

汀州国家历史文化名城资源主要集中在历史上十里城墙合围起来的汀州府老城区和汀江与金沙河支流环抱的以水东街区为主要区域的江心岛上。一座城池一个岛，是长汀旅游发展的核心，长汀名城旅游开发主要就是要围绕这两个资源进行。因此，把长汀古城区比作一轮"月亮"，在全力拭亮其主打品牌的同时，着力通过福建古韵汀州旅游发展有限公司这个平台，把汀江源龙门漂流、汀江第一古码头曲凹哩、三洲国家湿地公园、客家山寨丁屋岭等外围景区作为"星"来打造，融为一体，从而形成"众星捧月"名城旅游发展格局。同时，结合现代城市发展规划，依托七里河自然水系，串联南屏山休闲栈道、西边原605台地块拟建市民休闲公园，形成西河公园，将水文章做大做足，力促长汀城市格局古今融合，古代城池格局与现代城市规划完美结合，努力重现"一川远汇三溪水，千嶂深围四面城"（宋朝汀州太守陈轩诗），"东岛西湖南栈道，十座城门九把锁"的大美山水之城，奋力加快国家历史文化名城建设。

庵杰漂流　张平摄

古城光阴　冯木波摄

（七）团队：专心做名城事业

为更好地保持街区历史遗迹、古建筑的原迹原貌，长汀县委、县政府把握大局方针，始终将名城建设作为一项中心工作，坚持在保护中利用、在利用中保护的理念，集中一切可利用的力量和资源，持之以恒，一任接着一任干，全力打造名城品牌。

为了保护、管理好长汀的名城资源，2012年正式成立长汀县国家历史文化名城管理委员会，进行实体化运作。同时，成立福建省古韵汀州旅游发展有限公司，实行市场化运作，公司组建伊始以上市为目标，在注资规模、资金筹措、财务管理、股权处置等关键环节都依法合规，并统筹全县旅游资源，做大做强全县的旅游产业。随着名城工作的进展，为了分工明确、责任到位，又根据不同的工作任务成立了丁屋岭、山水游逸园、影视演艺、旅游运营等相应的子公司，各司其职。

（八）规划：正确方向的指引

加强对城市风貌整体性、文脉延续性等方面的规划和管控，立足历史、客家、红色、生态四大文化资源优势，留住长汀特有的地域环境、文化符号、建筑风格等"基因"，高标准、高起点做好城市规划编制工作。近年来，先后聘请南京大学城市规划设计院编制完成《长汀县历史文化名城保护规划》，委托同济大学国家历史文化名城研究中心编制《长汀四大历史街区控制性详细规划》《长汀四大街区修建性详细规划》《长汀四大历史街区沿街建筑立面整改设计方案》《妈祖文化广场建设规划》等规划。这些规划成果，确定了古城格局、传统风貌保护等框架，为长汀名城建设提供了基本遵循,为旅游产业发展提供了科学指导,为名城的保护利用工作提供了建设依据。

古城墙立面改造　王亮摄

(九)问政:汀州人自己的汀州

名城保护要怎么保?名城建设要怎么建?这是名城管委会人一开始碰到的"老虎吃天——无从下口"的问题。很多古代的东西,如果经过现代标准套用,便成为可以弃之的糟粕了。汀州城的美就在于没有固定的标准,这座城市是老百姓千百年来共建的家园。

思路决定出路,名城管委会领导决定,相马不如赛马,让本地"土专家"参与设计。于是通过查找的史料结合一些模糊、零星的历史照片。根据市领导"先修一段试试"的要求,从太平桥到水东桥作为第一期工程,开始"走向古汀州"的征程。本地"土专家"打破先从标准入手的设计惯例，先从外观风貌上着手，画出了从太平桥到水东桥东西两岸的概念性参考图片，同时将关键的太平桥、五通桥、水东桥、济川门作为景观节点，也设计出了效果图。

济川门　梁斌摄

2012年9月6日，通过县委重大决策公开的工作要求，将这些还显稚嫩的图纸和大学团队的标准设计图在三元阁进行公开展示，向广大市民征集意见。

一石激起千层浪，征集意见期间，长汀老百姓保护名城的热情被瞬间激活。这次问政于民的统计数据如下：

征集意见活动在三元阁广场举办了四天，每天都有上千人次在现场驻足观看，广大市民在活动中踊跃参与，提供了大量的珍贵资料。活动过程中，管委会的工作人员和志愿者共发放宣传单3000份，发放调查问卷2856份，截至9月18日，回收2290份，回收率达到82.2%。在问卷调查中，对水东桥城门重建方案选择唐宋风格的有1605人，占总数的70.1%，选择明清风格有685人，占总人数的29.9%。对于朝圣广场的方案选择建牌坊的第一方案有 579 人，占总人数的 25.3%，选择建戏台的第二方案有 1711 人，占总人数的 74.7%。收到各类意见、建议 500 余条。

三元阁广场　林育荣摄

（十）舆论：民心所向的优势

90年前，毛泽东第一次进入长汀，就邀请老佃农、老裁缝师傅、老教书先生、老钱粮师傅、老衙役、老流氓头子六种人进行了一次调查，将长汀人的家长里短和柴米油盐全部摸了个透。2012 年，长汀正式启动名城工作后，名城管委会也召开了几个看似不经意的座谈会。

汀州客家人有一个很重要的地方风俗，就是凡事碰到架梁起屋、婚丧嫁娶等红白喜事，都要请地理先生问个吉利，期盼一个好彩头。名城管委会成立后不久，当地比较有影响的地理先生就被请到了名城管委会的会议室，召开了一个相关研讨会。会上，这些地方知名人士将汀州民间的野史趣闻、风土人情、山川走势、历史兴衰等街里坊间关心关注的问题，进行了充分的交流。与会领导将名城保护事业结合县域发展、文化复兴、治国理政的战略进行解读，得到了与会人士的高度赞赏和一致支持。

第二个座谈会，就是邀请一直以来热心名城事业的老同志、老干部、老教师、老长汀人参加，让他们把自己和汀州名城的故事说出来，把对汀州未来的期望说出来。

第三个座谈会，就是通过相对自由地走访一些民间老工匠，在街头巷尾中直接"座谈"，了解汀州流传下来的各种传统工艺。

别看这几个没有重要领导、重要嘉宾、重要命题的座谈会，从此以

古法造纸　修松摄

后，长汀民间对名城工作的支持几乎没有什么反对的杂音，整个舆论导向都是心向名城，支持政府关于名城的每一个决定。也正是这些摸底，为今后的长汀名城修复工作吸引了一大批本地人才。这些"土专家"中，有灰雕传承的父子，也有一生奉献在汀州建筑事业上的老师傅，如黄有柏老师傅等。

目前，长汀已经成立名城专家顾问委员会，吸收了包括建筑、文化、旅游、书画领域的知名专家，也有本地的文史、民俗、美食、手工艺等领域的"土专家"。正是这种"专家指方向，匠人保质量"的组合参与到保护利用工作，保证了名城在修复工艺上的原汁原味。

（十一）乡愁：永看不厌的风景

1. 名城核心区方面

一方面，自 2012 年名城建设工作启动以来，"一江两岸"完成了太平双廊桥建设以及太平双廊桥至水东桥段沿江清水步栈道建设工作，民俗馆、八喜馆、大夫第、观景楼、朝圣广场、吊脚楼、龙潭戏台、龙潭公园、济川门、龙洲超市大楼、联通大楼等一批有特色、有代表性、标志性的节点的保护、修缮和提升工作，成效明显；水东街"红色小上海"旧址保护提升项目（二期）宋慈画舫、宋慈航栈项目顺利完工，项目工程有序实施；长汀县旅游集散中心顺利落成，使这座古老的名城逐渐焕发新的活力。在硬件建设上，长汀为了避免老街区过度商业开发，在名城工作的一开始就制定了"商贸旅游、城市休闲、文化展示、风情体验"的规划原则，在修建中适度增加老城区的公共活动空间，让原有几世同堂、妯娌相亲的优良传统得以延续，并逐渐总结出了"过去原有的、过去可以有的、功能合理的、美观和谐的"名城修建四大原则。为保证关键景观节点能实现原汁原味再现，坚持聘请老师傅用传统工艺施工。

西岸吊脚楼　王亮摄

宋慈画舫　张平摄

另一方面,"四大历史街区"保护工作先后实施,并完成了三元阁广场改造,以及"西水东调"古城壕建设的七里河至三元阁引水工程;完成了店头街及附街新民街、和平巷等重要历史街区的改造提升及配套设施建设;完成了济川门至惠吉门64幢沿江民居立面改造;东大街、五通街、南大街、肖屋塘等街区立面改造项目及夜景工程稳步推进。2020年初,卧龙书院如期开馆,知名演员成龙捐赠的一栋古建筑成为卧龙书院组团之一"龙学馆"。同时,汀州古城墙东城墙(朝天门至卧龙山东翘舒啸段)修复项目顺利推进,有望将汀州城东的城墙与卧龙山城墙全部连接。历史街区保护工作顺利推进,汀州名城的风貌逐渐恢复到原来老城的样子。

卧龙夜色　李艺爽摄

2. 与红色文化配合方面

结合长汀优质的红色文化资源,特别是加快改造提升古城核心区内的红色旧址群,创建5A景区,与名城保护开发工作相得益彰、交相辉映。

将汀州试院（福建省苏维埃政府旧址）、云骧阁（第一个县级红色革命政权长汀县革命委员会旧址）、辛耕别墅（毛泽东、朱德旧居）、福建省总工会旧址张家祠（刘少奇旧居）、中华基督教堂（周恩来旧居）、福音医院、毛泽东休养所进行保护性修复和景观提升，并通过现代展示手段，将红色文化和声光电技术相结合，增强了游客的体验感。

云骧阁　梁斌摄

中央红色医院的前身——福音医院　佚名摄

3. 与生态文化配合方面

依托长汀水土流失治理和生态文明建设的品牌示范优势，加强生态文化资源与乡村旅游融合发展，先后建成三洲汀江国家湿地公园核心区、河田水土保持科教园、庵杰汀江源龙门"天下客家第一漂"、汀江源山水游逸园等优质生态休闲旅游区。汀江国家湿地公园游客集散基地项目、水土流失综合治理项目，陆续开工建设。

（1）三洲汀江国家湿地公园

汀江国家湿地公园景区位于国家历史文化名村——三洲镇三洲村，属于汀江国家湿地公园的宣教展示区；景区入口处距长汀县城30公里，距离厦蓉高速河田出口8.6公里，距连城冠豸山机场65公里，距离长汀南火车站20公里，交通十分便利。

2013年12月，通过国家林业局组织的专家实地考察论证和审查，并被批准列为国家湿地公园试点建设单位；2017年12月22日，通过2017年试点国家湿地公园验收，是福建省第四个国家湿地公园和唯一一个河滩湿地类湿地公园。汀江国家湿地公园是深入贯彻落实党的十八大、十八届三中、四中、五中全会，十九大，十九届二中、三中、四中、五中全会和习近平新时代中国特色社会主义思想精神，特别是习近平总书记对长汀水土流失治理和生态文明建设工作的重要批示精神，坚持"绿色经济，生态家园"科学发展之路，实现"百姓富、生态美"有机统一的重要举措。

汀江国家湿地公园总面积590.9公顷，功能划分为保育区、恢复区、宣教展示区、合理利用区4个区。汀江国家湿地公园生物多样性丰富、湿地类型多样、湿地特征典型，已查明维管束植物有115科304属424种，其中湿地植物有145种；有野生脊椎动物180种，其中湿地动物有鱼类50种、两栖类7种、爬行类1种、鸟类11种。湿地类型有溪流、沼泽、荷塘、稻田，特别是湿地水生植物非常丰富，具有开展湿地水质净化实践和环境教育展示的资源基础。景区已建成天鹅湖、柳樱洲、荷薇洲、浮桥、鸟岛、风雨廊桥、杨梅园、美人松、情人樟、露营地、樱花谷、紫薇游园、花溪步道、鳄鱼滩、芦苇荡、芒草滩、七彩洲、中国杨梅博物馆、婚纱摄影基地、湿地探索体验园、钓鱼台、杨梅山庄等景点、设施以及杨梅、杨梅酒、杨梅节等特色。景区自然与人文交相辉映，以汀江生态保护为主题，融入生态休闲、生态教育功能，拟将其打造成集"客家母亲河——汀江生态修复典范""中亚热带典型河流湿地保护""南方丘陵水土流失地区湿地生态建设新模式""汀江特有鱼种保护恢复地"于一体，生态环境恢复良好、物种多样性丰富、景区形象突出、景观特色鲜明、基础设施完善、风景优美的国家湿地公园和国家 3A 级旅游景区。

三洲湿地公园　佚名摄

自创园以来，成立了长汀县三洲湿地公园投资经营管理有限公司，以生态文明为核心，以倡导生态环保、可持续发展、和谐共生为理念，开始启动景区基础设施和旅游软硬件项目创建工程，并注重市场营销和策划及承办重要的节庆赛事。汀江国家湿地公园致力在保护湿地和景观资源基础上，基本形成以中国杨梅博物馆、湿地科普馆、湿地公园宣教展示区为中心，以国家历史文化名村三洲古村落、汀江河滩公园、沙滩公园、丰盈杨梅生态园、湿地湾生态农庄等为辅的重要生态旅游休闲项目。汀江国家湿地公园不仅保护现有的汀江河流湿地，而且是对外展示长汀几十年来水土流失治理的成果和杨梅之乡的重要基地，是长汀县水土流失治理和生态文明建设示范区核心区，生态文明教育具有典型性、示范性。昔日的水土流失重灾区，现已成为风光秀丽、流水潺潺、林果连片、鸟语花香的生态旅游胜地。景区新增鳄鱼滩、钓鱼台、景观水车、婚纱摄影基地、七彩花田、湿地探索体验园等项目以及科教游览线路，对亲水栈道进行全面修缮，加强了安全设施建设和安全管理工作；此外，露营地、森林休闲项目也在启动建设中，景区环卫、安全和解说系统得到系统建设与完善，管理能力得到较大提升。

汀江国家湿地公园生态旅游区已开发常设性活动项目有生态观光、康体休闲、农耕体验、休闲度假以及专项旅游活动项目（民俗节庆、现代节事、生态教育、采风写生等），形成乐水栈道休闲游、生态科教观光游、环湖骑行慢游、运动健身康体游、山水生态度假游、湿地采风摄影游等主题游线，已形成集观光游览、生态休闲、健身康体、科普教育等功能于一体的生态旅游景区。

自 2014 年 11 月 11 日开园以来，累计接待游客 50 余万人，旅游收入达 310 余万元，为推动长汀县全域旅游做出了重要贡献。目前，汀江国家湿地公园正在积极创建国家 4A 级景区，同时在建项目有长汀县汀江国家湿地公园游客集散基地、谋划项目有长汀县汀江国家湿地公园旅游观光车闭环线路。

（2）河田水土保持科教园

中国·长汀水土流失治理科教馆，原称"长汀县水土保持科教馆"，位于河田镇露湖村长汀水土保持科教园内，始建于 2000 年 4 月。受场馆简陋、设备陈旧等因素影响，原场馆已不具备展示水土保持科学知识以及长汀县多年来水土流失治理科技成果和实践经验的功能。长汀县委在多次调研，广泛征求省市有关部门以及社会公众意见的基础上，决定根据现代展馆的要求，在 2019 年对科教馆进行重新设计和建设。经过近两年的高标准打造，中国·长汀水土流失治理科教馆已建设成为重点展示，在党的领导下特别是在习近平总书记亲自关心、亲自擘画、亲自推动下，长汀水土流失治理取得生态治理的飞跃，并宣传推广水土流失治理"长汀经验"，同时集政治、历史、民生、经济、社会、技术、科普、研学为一体的综合多功能展馆。

展馆总投资 1600 万元，建筑总面积 2300 平方米。一楼占地 1550 平方米，分为序厅、艰辛历程、指导思想、长汀经验、继往开来和尾厅展望未来六大展区。二楼占地 750 平方米，以爱国教育、科普实践为主。

序厅秉承简约大气的设计理念，大厅中央以影院级 LED 宽屏荧幕为核心，动态呈现习近平总书记生态文明建设影像资料。第一展区以"百年忧患艰辛历程"为主题，通过大幅状况图、造景技术及微缩景观再现崩岗场景画面，使参观者身临其境地感受水土流失的状况、成因及其危害。并以静态展陈、3D 裸眼技术，进一步展示长汀人民群众不同阶段的水土治理探索历程。第二展区以"光辉思想普照大地"为主题，展示二十年来长汀水土流失治理工作的全面性发展，回顾和歌颂习近平总书记对长汀水土流失治理工作的重视与关怀。展区采用"九五情怀"理念延伸，运用金黄的空间调性，展出习近平总书记对长汀水土流失治理工作九次指示批示和五次长汀之行，展现他对老区人民深切关怀，对水土流失治理及生态文明建设的高度重视，并采用智能互动屏、三维影像等展陈手段，突出习近平生态文明思想对于长汀水土流失治理的旗帜性、引领性和建设性作用。第三展区以"长汀经验旗帜高扬"为主题，结合10种水土流失治理模式沙盘演示系统，展示长汀人民群众历经几十年的奋斗和努力，以生动、翔实的大量史实证明，长汀是习近平生态文明思想的重要孕育地和早期实践地。第四展区以"进则全胜，不进则退"为主题，设计采用大屏弧幕影音系统，动态展呈长汀水土流失治理工作的显著成效，突出体现新时代长汀人民贯彻落实习近平总书记"进则全胜，不进则退"重要批示精神，积极实现长汀水土流失治理全面胜利的工作规划及展望。尾厅部分以"展望未来"为主题，通过艺术造景《长汀经验之树》不断成长成参天大树，侧面呈现无数个人民群众幸福的笑脸墙，以及VR虚拟体验长汀水土流失过去、现在、将来等场景互动。寓意着在长汀经验带领下，将长汀建设成有温度的幸福长汀。

中国·长汀水土流失治理科教馆二楼规划研学基地和多功能影院，通过作品展、三维动态模拟等方式，实现展厅的科普功能，加强爱国教育和生态教育，为文化交流、对外宣传打开崭新的窗口。

（3）庵杰汀江源龙门"天下客家第一漂"

汀江源·龙门3A级景区位于长汀县庵杰乡，距离县城约30公里，车程约50分钟，与宁化治平，长汀县的馆前镇、新桥、铁长、大同相邻。分为汀江源·龙门旅游区、八宝峰景区、大悲山景区三大景区，被许多

龙门　张亮珍摄

游客称为"龙岩的九寨沟",是山、水、洞、岸、庙、人等多种景观元素集合地,也是欣赏田园风光最佳目的地之一。

汀江源·龙门旅游区内的龙门以"独我汀江跨龙门"著称,有"一线天""擎天柱""龙爪""龙心""龙肺"等景致,居长汀十二胜景之首。景区内有神农古庙、龙门寺、妈祖庙和客家母亲园、土地神坛等遗迹,特别是神农古庙,已有几百年的历史。此外还有安平寨、虎穴洞两处太平军战斗遗址和解放军革命烈士墓等遗址。"天下客家第一漂"是龙门景区的核心旅游项目,全程约5公里,历经15个溪潭、6段险滩、4段田园风光带、4个摩崖雕刻群、3段古树丛、1个溶洞,漂流完全程需2小时左右。

龙门旅游区内新建跃龙门研学基地,项目内含龙门峡地质公园自然景观区、桃花岛学习教育区、农耕文化体验区三大区域,占地面积共24亩,主要建设游客集散中心、研学楼、党建文化长廊、新时代文明实践长廊、特色民宿、多功能会议厅、休闲步道等。

(4)新桥山水游逸园

长汀县古韵汀州山水游逸园项目位于客家母亲河汀江源头新桥镇,境内的汀江河段自然景观优美,人文积淀丰厚。随着长汀经济的发展、旅游业的崛起,为配合打造国家历史文化名城核心景区的重要配套旅游项目,省、市领导经过实地考察,决定充分利用迤逦的汀江上游河段景观、周边的生态及人文优势,结合长汀名城县域旅游的发展要求,打造山水游逸园项目。

曲凹哩码头原名"屈凹哩码头",始建于明朝洪武年间(1381,明太祖朱元璋在位第十四年),曲凹哩码头至今已有600多年历史,是水清、岸绿、景美、人文和谐的原生态景区,成为人们休闲、度假、观光、衣食住行集一体的旅游胜地。通过项目的实施，依托这一江段水体风光、自然景色、人文优势、民俗特色，结合整体规划原则和对旅游线路的优化组合，按照"一江—两岸—多点"的布局体系，营造水陆健身项目、爱国主义教育基地、客家文化创意影视拍摄基地、自驾游宿营地、客家商贸小镇、曲凹漂流之旅、新桥民俗文化村、客家吊脚楼、休闲观光、3.6公里曲凹漂流景观道建设等项目。目前已成为《古田军号》《绝命后卫师》等剧组拍摄取景地。

曲凹哩码头　中国结摄

通过该项目的实施，汀江上游的生态资源将得到更好保护和合理利用，有效提升新桥镇乃至长汀的知名度、美誉度及吸引力，分散名城旅游的客流，并有力推动当地生产服务业的发展，全面改善周围城乡人居环境，提高当地居民的生活质量。形成水清、岸绿、景美、人文和谐的生态景区，成为人们休闲、度假、观光、旅游的胜地。

4. 与客家文化配合方面

充分发挥长汀"世界客家首府"的品牌优势，以客家传统文化为依托，将客家民俗、美食、建筑风格等有机融合进名城保护开发建设中来。目前，长汀已连续举办25届世界客属公祭客家母亲河大典。2004年以来，每年坚持开展汀州府城隍文化交流、天后宫妈祖文化等。此外，还重点支持丁屋岭、汤屋村、彭坊村等客家传统古村落的保护工作。

（1）丁屋岭

随着国家土地增减挂钩政策的实施，城市化进程加快，一些日渐败落的乡村正在消失在人们的视野中，位于长汀县古城镇的丁屋岭（丁黄村）就面临着这样的命运。长汀名城工作的兴起，又让人对蕴含着历史文脉的荒村古镇看到了一丝希望。2013年初，时任古城镇的主要领导找到名城管委会，提出一个请求：该镇有一个比较原始的村子，请名城管委会领导帮忙看一下有没有保护的价值，如果没有，就还林还田。长汀县国家历史文化名城管理委员会经过考察，认为这个几乎没有水泥的古村代表了客家先民山区生活的一个典范，当即建议保护下来，并根据其特色，围绕"宜居、宜业、宜游"目标，决定以"长汀县客家山寨丁屋岭客家山民原始生活保护区开发建设项目"作为名城旅游的配套项目进行重点打造。

丁屋岭位于福建省长汀县古城镇境内，是一个四季无蚊、不见水泥，让人忘记时光、记住乡愁的村庄。村内山高林密、空气清新、曲径通幽、风景如画，至今仍保留客家山民居住的原始村落风貌，被誉为客家山民原始生活的活化石。

历史久远深厚。元朝太宗时期，丁屋岭始祖"四郎公"为避战祸，从山东济阳迁入。"思我祖播徙维艰历吴邦迁闽地水远山高堂构式开成上，愿吾曹缵承勿替感刻木兆梦松臣忠子孝箕裘聿绍济阳",丁氏祖祠里的这副楹联,字里行间可见丁屋岭人的执着艰辛和对先祖的传承。

丁屋岭　潘潘摄

民居独具特色。当地出生的村民皆姓丁,整个村落选址于盆地上,沿山谷成"丁"字形延伸,因此得名"丁屋岭"。百姓建房都用本地特有的"丁屋岭页岩"作为地基,配上黄土垒墙,依山而建,顺应地势,高低起伏,错落有致,以山寨吊脚楼式层层叠叠铺在山坳里、石壁上。整个村落黄泥墙、黑灰瓦、木房子、石台阶等随处可见。粗糙雄伟的石寨门，天然独特的老石板，敞开式的老祠堂，乾隆年间的老古井，浓荫蔽日的古树，终年不竭的百米瀑布，无不向人们讲述着丁屋岭的古朴厚重和自然生态，吸引了大批画家和摄影家前来创作。电影《邓小平出山》《风雨出汀州》及电视连续剧《英雄后卫师》等剧组均选址丁屋岭作为拍摄主景区。

传统工艺保存完好。当地人们心灵手巧，扎花灯、打铁、造纸、酿酒、竹编、制茶、榨油等传统工艺，样样在行。村中的深巷两旁，理发店、豆腐坊、猪肉铺、磨坊碓寮，药铺油坊，砻谷车米，样样齐全，俨然一副自给自足的原始客家山民生活画卷。

恪守祖训人才辈出。山寨秉承"忠孝为本、耕读传家"客家祖训，走出许多名人志士。清道光辛丑年考上一名武进士，至今遗留一个巨大的练武石和一对石龙旗残件。光绪三十三年（1907）江西巡抚表彰丁氏家族的丁文藻、丁肇基兄弟，亲授牌匾"泮璧联辉"。"丁屋岭三杰"—

客家山寨丁屋岭　张平摄

清官江怀廷、文学家江瀚、诗人法学家江庸祖孙三代的故事至今被当地村民津津乐道。近代革命先驱丁仰皋参与组织领导光复汀州活动，响应武昌起义和福州光复。

丁屋岭美名远播国内外。2014年1月25日韩国演员张瑞希慕名而来，由衷赞叹："丁屋岭真美！"2014年11月28日，新西兰首任女总理珍妮·希普利和中国工合国际委员会主席柯马凯先生追随国际友人路易·艾黎的足迹，到访客家山寨丁屋岭，被古村落的保护之完整深深折服，由衷感叹"中国有两个最美的山城，世界只有一个丁屋岭"，并亲手植下象征友谊的香樟树。2019年1月，丁黄村被国家住房和城乡建设部、国家文物局评为第七批国家历史文化名村。

每当夕阳西下，暮色笼罩，炊烟袅袅，安静祥和，恰似一幅美丽的山水图画，溢满乡愁，让人流连忘返，忘记时光。

（2）汤屋村

汤屋村距县城52公里，离四都镇18公里。全村都是汤姓，村落一百多户人家散落在以关帝庙为核心的盆地里，村落布局错落有致，周边东西南北有四条石砌路与外界沟通。村里有一座关帝庙，据说建于北宋建隆元年（960），至今已有一千多年。保留下不少的凝春晖、仪声祠、汤氏宗祠等古宗祠、古牌坊、古匾额、古楹联、古井、古树和多座古建筑，足以表明汤屋村的历史悠久。1935年1月，中共福建省委、省苏、省军区及国家银行福建分行、闽西工农银行等机关离开四都，迁移到汤屋村，汤屋也因此被评为"革命基点村"。2019年1月，汤屋村被住房和城乡建设部、国家文物局评为第七批中国历史文化名村。

汤屋村的村落布局为分散式，石砌小路联系村内，周边有四条石砌路与外界沟通。村里有十八口水塘，还有多处水井，水井用条石砌成。

村周边过去是森林密布,古木参天,鸟语花香……是一个规划有序、很有文化品位且生态环境良好的传统村落。

汤屋村地处边远山区,但历史上仍有不少人获得功名,并涌现出一些文人和名人。据牌匾记载:清乾隆年间有太学士汤立中、汤绍中,嘉庆年间有贡生汤大莲,道光年间有贡生汤玉荣,同治年间有国学生汤振风,光绪年间有生员汤志仁。现仍有留存体现功名的匾额"祖德流辉""成钧俊品""鹏程初步""世德流芳""才华延绍""耆德长春""岁进士"等。

汤屋村的古建筑如关帝庙、宗祠建筑和一些主要建筑,采用砖石外墙内部木结构,一般民居建筑是土墙加木结构。传统建筑大多为平房,中国传统木构架,多为穿斗式五柱或七柱,部分用抬梁式木构架。屋面木基层,檩条加木桷板,小青瓦。外墙部分采用封火马头墙。现存传统建筑多为清代和民国期间所建,有少数建筑时代更早,也有一部分是1949年以后建的。但整个村子现代建筑极少,以传统建筑构成传统村落的风格。

(3)彭坊村

彭坊村坐落在长汀县童坊镇北部,距集镇9公里,闽江源之一的童坊河及南馆公路穿村而过,村庄一面靠山,两面临水(龙溪、童坊河),属河谷盆地,汇山之韵,聚水之灵,是集客家、红色、历史、民俗、生态文化为一体,枕山环水的古村落。

彭坊是元代初期以彭姓为主的族群开基立业的,至今保存有千年古街、古石桥和码头,古街两边的木质结构楼房,楼上住人,楼下开店。1927年,还建立"红光区",20世纪60年代,彭坊曾是人民公社所在地。这里有古街、古桥、古树、古寺院、丹霞景观、省级非遗刻纸龙灯,是一个富有文化底蕴的村庄。

古街大约200多米，南北走向，是古代童坊通往宁化、清流的著名官道。圣旨，战报，贡品等都要经过此路，由各州相府官银养护，还有供"马快"饮马歇息的驿站，数百年来自然而然形成街道，供旅人歇脚、商人集市贸易。古街道宽约4米，两边是清一色的两层木质结构楼房，楼下有杂货店、裁缝店、理发店、豆腐店、肉铺、小吃店等店铺，古色古香，饱经沧桑。

近年来，在发展县域旅游的格局中，彭坊村按照"保护为主、合理利用、传承发展"的工作方针，把抢救、保护和开发利用古村落列入重要的议事日程，2013、2014年彭坊先后被列为县级美丽乡村建设示范点和市级古村落，2016年彭坊村被列为福建第五批省级历史文化名村。

彭坊村刻纸龙灯是福建省非物质文化遗产，它吸纳了龙图腾文化、客家文化、刻剪纸文化等精华，展示了客家民间扎、刻、凿、剪、贴、裱工艺的智慧，寄托了人们向往美好生活的祈盼。游刻纸龙灯是彭坊村每年欢度元宵佳节的传统客家习俗。据传，刻纸龙灯是由清康熙年间彭氏第十五代先祖彭景周将泉州剪纸艺术、元宵花灯艺术融合在龙灯上，并加以创新组合而成的，距今已有三百多年的历史，是福建省非物质文化遗产。每至元宵，家家户户高擎龙灯，在夜幕中相交相连，仿佛在述说着一个个古老而美丽的客家故事。彭坊村刻（凿）纸龙灯非遗刻纸传承龙腾文化，促进了非遗活动与乡村振兴的结合，积极探索出文化扶贫、非遗扶贫的新路子，使得非遗逐渐成为助力精准扶贫的重要力量。

(十二)文化:讲好汀州的故事

从 2013 年开始,长汀连续九年举办了历史文化名城保护日系列活动,邀请到包括知名演员成龙、新西兰前总理珍妮·玛丽·希普利、美国奥巴马总统竞选特别事务委员会主任罗杰·菲斯克等海内外知名人物,及全国 30 余兄弟名城代表参加并与央视 17 套《乡约》栏目在汀联合录制《乡约·福建长汀》节目。

同时,长汀还举办了大型主题文艺演出及相关旅游推介活动。2012 年,邀请莫言为长汀题写"客家首府,大美汀州"主题宣传口号,并组织"大汀州民乐团"赴澳门参加了"第二届客家文化节"旅游推介活动。

此外,长汀还连续编写 14 期《古韵汀州》杂志,拍摄 2 期《嫽意汀州》微电影,创作了《青石板的诉说》等十几首脍炙人口、反映国家历

2013 历史文化名城保护日启动仪式　佚名摄

史文化名城的歌曲，将长汀国家历史文化名城保护各项工作及历史、客家、红色、生态文化以文字、图片、影像等形式展现给各级领导和社会各界人士，得到了很好的反响。

2018历史文化名城保护日民俗活动　佚名摄

2019历史文化名城保护日活动　佚名摄

2020历史文化名城保护日活动　陈水木摄

链接

龙行天下情系汀州
——成龙向长汀无偿捐赠古建筑义举始末

2013年9月15日下午5点30分，知名演员成龙在他北京的会客室里，单独约见时任长汀名城管委会一行的工作人员，原定20分钟的会谈却进行了2个小时。会谈的结果是成龙做出了一个重要的决定：自愿为千年古汀州无偿捐赠一栋古建筑。该栋古建筑将由香港起运，10月份运抵长汀，11月份成龙亲临长汀出席捐赠仪式，并同意捐赠的当日定为"长汀县国家历史文化名城保护日"，每年一庆。

授予成龙荣誉市民称号　佚名摄

成龙为长汀献唱歌曲《青石板的诉说》　佚名摄

长汀，一个偏远小城，怎么会得到如此厚爱呢？

2013年4月4日，著名演员成龙连发的四条微博引起了大家的关注，他要把20年前收藏的10栋古建筑其中的4栋捐赠给新加坡一所大学作为教学之用。这一事件迅速引发了各方面的关注，随后，全国各地政府、企业纷纷向成龙发出捐赠请求，以期能得到成龙的垂青。

肩负着古汀州保护和开发工作重任的长汀县国家历史文化名城管理委员会也一直关注着这件事情的进展，他们当然更期望古汀州的复兴之路也能得到成龙的支持。然而，一个小县城在这场众多省部级高官出马和动则上亿资金的博弈中，毫无疑问是没有竞争力的。但是为了长汀，名城管委会的团队还是想试一试。

经过一番分析和思考，一个思路在形成：别人想到的是获取，那我们长汀，能不能为成龙做些什么呢？有了这个思路以后，他们当即开始了一系列策划。

4月22日，《长汀人民给成龙大哥的一封信》的帖子悄悄地出现在了网站上。这个帖子，迅速地引起了广大关心长汀网友的关注，当天的浏览量就突破了上万，跟帖量有300多条，并被猫扑、大涯、福建论坛等网站转发。

通过这次试探，名城管委会知道，为了长汀的事业，他们不会孤单，也更加坚定了促成此事的信心。下一步，就是要让这些信息引起成龙的关注。

5月19日，名城管委会邀请粤港澳十几家媒体记者组成的采风团到长汀实地采访。随后，香港《文汇报》《澳门日报》《澳门早报》《澳门晚报》《澳门大众报》《濠江日报》《中山日报》《珠海特区报》等粤港澳十几家媒体纷纷报道了长汀的历史和现在保护开发的情况，在粤港澳地区迅速掀起了一股"长汀热"。《澳门大众报》记者李声棠专访了名城管委会领导，以《千年一梦是汀州》为题，对保护名城的理念和开发的思路进行了报道，其间问起如何看待成龙的新加坡捐赠举措时，他是这样回答的：

从成龙先生捐赠这个事情来讲，我觉得他当之无愧是一个世界级的名人，因为他是站在全球的角度来处理这一件事情的。我们的古人告诉我们：欲先取之，必先予之。要让全世界的人了解中国，当然先要从一个点开始了解。我觉得这几栋古建筑在新加坡，就是一个合适的点。他并没有因为在新加坡，就成了新加坡的古建筑，它的根源还是中国。就算把它安装到月球上，也还是中国的东西。当年郑和下西洋带去的锅碗瓢盆，摆在外国人的餐桌上，得到的是对中国陶瓷的赞许。如果成龙先生不是基于对我们中华传统文化的自信,他敢捐赠吗?我想,任何一个中国人在能力和规则许可的范围内,都可以并应该通过任何合适的方式把中国的文化宣传到全世界。中国要想立于世界之林,首先应该把文化的传播放在首位。

借助这次采访活动,名城管委会委托媒体,向成龙进一步转达了长汀人民的意愿。为了保证传达到位,他们还通过新华社、中青社、香港中联办的朋友将信息直接提供给成龙。

为了加重长汀的分量,7月25日至29日,名城管委会受县委、县政府的委派,应邀率领近百人的大汀州客家民乐团前往澳门参加"澳门第二届客家文化节",影视界的朋友纷纷到场友情助阵演出。这次活动取得了巨大的成功,吸引了众多媒体的关注,一时间,"汀州""长汀"成为港澳媒体的热词。

在澳门的活动中,橙天娱乐CEO(首席执行官)伊筒梅欣然同意代为牵线搭桥,促成此事。

经过不懈努力,长汀的情况和长汀人民的意愿终于使成龙尽数获悉。初步了解长汀后,成龙随即派出成龙影业集团中国部总经理袁农与橙天娱乐集团CEO伊筒梅前往闽西进行考察。

9月10日,袁农和伊筒梅及助理一行四人先行来到连城培田古村落走访,深入了解了培田古民居开发的经过,培田的景致和村民的淳朴让他们很是感动。11日到达长汀,他们一行对长汀进行了全面的考察。实地了解长汀的名城保护和开发情况,并到有关场地考察了成龙开展捐赠活动的可能性和捐赠古建筑安放地点是否达到要求。当晚,他们欣赏了一场长汀人民旨在向成龙传达敬意的"爱在名城情系汀州"文艺晚会。晚会上舞台边由于电线短路引发燃烧的火焰考验了长汀领导处置突发事件的能力,他们镇定自若,处置得当,让袁农一行赞叹有加,对成龙来汀安保问题的疑虑全数释然。

12日上午,名城管委会和袁农一行召开座谈会。会上,名城管委会领导将长汀县委、县政府重建"卧龙书院",打造"成龙学馆"的思路和袁农一行进行了探讨,得到了她们的认可。

袁农返京后,第一时间把龙岩市委、市政府对长汀名城建设的重视和市领导对名城工作的倾心指导、长汀县四套班子齐心协力为还给长汀人民一个古汀州的决心向成龙做了重点汇报,成龙全面了解了长汀名城保护和开发进展情况及名城管委会在建设中的高效执行力,当即决定约请名城管委会有关领导到北京进行会谈。

行前,由于事情重大,名城管委会在请示县委主要领导同意,并商定了成龙捐赠古建筑落户的选址初步方案后,便由派出工作人员一行飞往北京。

9月15日下午5点30分,名城管委会一行如约来到北京。成龙听闻长汀来人后,当即邀请其到会客室进行商谈。双方就他们共同关心的问题进行了全面的交谈,成龙观看了长汀名城的介绍后让助手拿来了电脑,把他所收藏的古建筑资料详细地向长汀客人介绍。

成龙早在20年前就购买下了许多古建筑,并聘请专业的古建筑技术人员进行修复。为了保存这些古建筑,成龙费尽周折、殚精竭虑,每年还要花费上千万元的养护成本。成龙说,曾经有一个地方,他已敲定捐赠古建筑,东西已开始起运,但当他得知这座房子的周边将要借助其古建筑启动别墅开发项目,当即终止了这个捐赠计划。这次决定向长汀捐赠古建筑,是成龙深思熟虑的结果。

在会见结束时,名城管委会的带队领导说:成龙大哥是一个世界级名人,但是很多人看到的是成龙大哥带来的商业效益而忽视了文化的力量,所以有很多人只是想借助大哥影响力而成就自己的利益。我们不是把成龙大哥的捐赠义举当作一个"项目"来做,虽然我们知道它的价值不可估量。我们是要实实在在地和成龙大哥做一件事情,这件事情不是让大哥的名气再扩大,也不是要借助您的影响力来炒作长汀。我们要做的,是把成龙大哥文化传播的理念落到实处,让大家在成龙大哥行动的影响和感召下更珍惜我们祖国的文化遗产,使它们得到更好的传承。

经过两个小时的会谈,双方达成共识。但成龙意犹未尽,临别时,成龙与长汀客人一一合影留念,并相约长汀见。返汀后,名城管委会和香港以成龙夫人林凤娇为法人代表的成龙公司进行具体商榷。在达成捐赠的具体事项后,名城管委会将情况向市委、县委做了汇报,并得到了市委、县委的支持,遂与香港成龙公司签订了捐赠协议。

2013年11月25日,成龙捐赠长汀的古建筑经香港运抵长汀。11月28日,成龙到长汀出席了捐赠仪式,约有60多家海内外媒体宣传报道了此事。因为感恩成龙,长汀县人大决定,将此后每年的11月28日定为"长汀县国家历史文化名城保护日"。

(十三)资金:众人拾柴火焰高

长汀名城的保护与修复工作正式开展以来,通过政府出资、项目申请、企业贷款、民间捐助等方式,全力支持名城的各项硬件建设和文化宣传事业,对长汀名城品质的提升、品牌的创建起到了巨大的作用。

第一,加大财政投入。长汀县财政在旅游业发展方面的投入逐年增加，就国家历史文化名城保护开发一项，县政府从2012年至今，每年拨付5000万元用于名城的保护开发。第二，长汀充分利用古韵汀州旅游发展有限公司这个平台，将名城项目资产打包进行贷款融资，有效解决名城保护开发建设资金缺乏的问题。2016年，农业银行授信的2亿元项目贷款、光大银行授信的5000万元项目贷款均已到位，建设银行授信的1.5亿元正在办理相关手续。第三，发动民间力量，调动民间资本，先后由社会民间关心名城人士组建了古城墙、天后宫、城隍庙、白沤亭、五通庙、如意宫等修复协会和理事会，由相关县直主管部门牵头，协会和理事会负责修缮、管理工作，并向社会广泛募捐。至今，从社会各界募集到的捐款累计近1亿元，为保护、修复古城墙、天后宫等一大批汀州重要历史遗迹做出了突出贡献。

（十四）制度：有序发展的保障

第一，根据各历史街区传统业态特点及未来旅游发展需要，按照"政府经营环境、企业经营品牌、市民经营文化和市场"的思路，精准定位，各司其职，有效地推动名城文态业态的快速发展，快速提升名城的知名度和吸引力。第二，因地制宜制定《长汀县历史文化名城历史地段管理办法》，遵循"有效保护、合理利用、科学管理"的原则，维护历史文化遗产的真实性和完整性，正确处理经济社会发展和历史文化遗产保护的关系。第三，制定了街区的联评联审机制，联合住建、国土、执法、文保、汀州镇等部门，对名城历史地段危旧房的修缮工作，以及名城街区店招、广告设置等工作进行联合会审，对街区实行有效管理。第四，组建街区联合整治组，由专门人员在街区内巡视，加强对街区秩序的管理，尤其

汀州天后宫　张平摄

是对流动摊点、商铺占道经营，车辆乱停放，垃圾杂物乱扔乱放等影响街区秩序和形象的不良行为进行制止、劝导，优化历史街区环境和秩序。

（十五）法律：保驾护航的利器

通过几年来"一江两岸"项目的实施，历史街区整治、提升与管理，对名城保护进行了有益的探索和实践，取得了可喜的成绩。但所面临的问题依然突出，如城镇化快速发展造成保护压力加大，工作机构职能不强、执法效率不高，私人产权历史建筑权责不明晰、社会监督制约力不足，资金投入渠道有限等，以致历史街区和历史建筑遭受破坏、损坏现象时有发生，保护工作面临严峻形势。长汀名城保护工作急需法律条例的保驾护航。随着立法权的下放市级人大常委会，长汀积极促进立法工作，长汀人大代表团已分别通过市人大五届二次、三次全会提出了对长汀国家历史文化名城保护进行立法的议案，该议案得到省、市人大相关领导的重视，龙岩市人大将《长汀县国家历史文化名城保护条例》纳入2019年度立法工作计划。长汀名城立法保护前期工作组，完成了《保护条例》草案的编制工作，并开展了多轮的专项论证、全面广泛的意见征集，以及反复的修改完善。《保护条例》通过了龙岩市人大的审议，经福建省人大审议，已于2020年11月28日正式颁布实施。

（十六）成绩：我们永远在路上

自2012年以来，名城工作总投资25.3亿元，完成7条街区整体改造，3条街区恢复性修复，修复长汀历史街区5.6万平方米，恢复汀江"一江两岸"景观带1350米，新增客家山寨丁屋岭和曲凹哩码头配套景区2个，配合完善庵杰龙门漂流和三洲湿地公园景区2个。长汀的游客人数及旅游收入从2011年的112.6万人次、收入10.1亿元，提高到了2019年的441.23万人次、收入48.98亿元（2020年，游客人数仍有314.01万人、收入33.59亿元）。在长汀名城工作中，形成了"政府主导，市场运作；保护为主，利用并举；凸显特色，塑造品牌；全民参与，共建共享"的模式，取得了阶段性成果。长汀集"历史、客家、红色、生态"文化的名城旅游格局已初具规模,化绿水青山为金山银山时代传奇在这里续写辉煌。

习总书记指出:"我们要坚持道路自信、理论自信、制度自信,最根本的还有一个文化自信。"我们长汀广大干部的"文化自信"就是来自这座国家级的历史文化名城,我们的名城建设,就是要在传承历史、放眼未来的可持续发展道路上。在接下来的名城工作中,

曲凹哩之恋　张平摄

我们要以"功成不必在我"的精神境界和"功成必定有我"的历史担当，保持历史耐心，发扬"钉钉子"精神，一张蓝图绘到底，一任接着一任干，将"还给长汀人民一个古汀州"的庄严承诺具体落实、尽早实现。"要依托现有山水脉络等独特风光，让城市融入大自然；让居民望得见山、看得见水、记得住乡愁。"为广大热爱长汀的人们打造一个宜居宜游的最美山城。

汀城初醒　胡晓钢摄

第四篇 创新篇

长汀历史文化名城保护利用的实践是一项有自己的发展目标、理念、模式及举措的系统性的复杂社会实践，是一项系统工程。这个实践最突出地表现在围绕特色文化、特色资源、特色发展这一主线，在对特色文化抢救与保护的前提下，用不断明晰与丰富着的创新发展目标、理念、模式与举措，挖掘并提炼、厘清长汀创新发展的独特模式，建构新时代高质量发展战略格局，探索长汀模式的内在逻辑、发展架构及其深层蕴意，彰显了在建设中国文化强国的过程中，以及两个一百年之交、开创新的一百年发展格局的重要现实与历史意义。

（一）创新发展的目标

长汀的创新发展是在中国大的发展格局中不断演进的。其最大的发展逻辑背景，就是中国经济与文化的融合发展的进程。中国经济与文化融合发展是随着社会经济文化进化发展的过程而不断生发的，特别是在人均 GDP 不断提升的趋势下，经济发展不断由短缺经济、共享经济向新经济的形态跃迁，人们的消费结构也由满足基本需求的生存消费不断向物质丰富的生活型消费，再到幸福生活式的精神消费层面转型，这是中国经济文化发展的大逻辑。

1. 创新发展的基本背景

改革开放 40 多年以来，中国的经济与文化如何融合，可以说经历了一个非常艰难或者说是艰苦的探索过程。如果在广州的东方酒店出现的音乐茶座可以看作我国文化市场的雏形，发展到今天，关于经济与文化的融合，实际上我们经历了文化市场、文化产业、文化生态的建构，再到文化新经济的发展，是一个很漫长的艰苦的认知与实践探索过程，其核心是探索经济与文化融合过程中的内在发展规律。

中国经济与文化融合发展形成的格局，突出地表现在中国文化经济作为一种新的经济形态，不仅具有独立的系统发展特性，而且具有鲜明的时代战略发展亮点。文化与经济的融合生发出了新的形态与业态，如文化市场、文化业态的发展。实际上，这种理解还是非常不全面的。在新经济到来的今天，文化经济作为一种新的经济形态，在建构中国战略发展的新格局过程中，具有非常重要的意义。新时代中国经济与文化融合发展的格局，是基于习近平总书记将传统文化当作独特战略资源的论断而展开的，经济文化的融合经历了从新概念、新形态、新产业、新生态到新经济的发展历程，是新时代中国经济与文化融合发展过程中最为闪亮的战略创新点。

（1）中华民族伟大复兴需要以中华文化繁荣发展为条件

正如习近平总书记所言："要从弘扬优秀传统文化中寻找精气神。"无论道路自信、理论自信或是制度自信，最根本是文化自信，要从弘扬优秀传统文化中寻找精神，这是我们的精神财富，而经济与文化的融合发展是弘扬优秀传统文化的重要路径。以前我们进行文化的弘扬、文化的传播，可能更多的是通过学习、被动的宣传与传播，甚至是灌输，而对利用市场机制来传播文化、弘扬优秀传统文化的重视与研究不够，特别是对消费、市场、产业在传播、弘扬优秀传统文化过程中所起到的作用，认识不足、不系统、不全面，关键还是研究不够。

（2）由转变发展方式到推动高质量发展的需要，由换跑道到换资源

以前我们经济的快速发展，更多的是依靠过度消耗资源、污染环境取得的，但到了今天，这条高消耗、高污染的路子已经走到尽头了，再也没有办法按照这条老路子、这个跑道一直走下去了。我们需要探索的是如何利用新的发展方式提高发展的质量，也就是说，要走到新的发展观这条路子上来。

转变发展方式和提高发展质量需要两条腿走路：一条是换跑道，即大力推动科技进步，增加人才投入，改善创新发展的环境；另一条是换资源，即在发展过程中寻找与发现新的资源。以前，我们经济的发展靠的是大量物理的常规性资源的支撑，而不是新资源的发现，特别不是文化资源。实际上，文化新资源与物理常规资源的区别非常之大，可以说是两种完全不同的资源禀赋。文化新资源是一种非标性的资源，很难用一种标准、一种计量测算，每种文化资源的认知、评估、定价都有非常大的区别，无法用传统资源的标准化方式与方法去认知与度量。同时，文化新资源的价值构成很复杂，常规性的物理性资源，有了标准，有了定价，有了体量，其价值马上就会计算出来；而文化新资源的价值既有物理价值，还有历史价值、精神价值、市场价值，是由多元化的价值构成的。这种价值构成体现在价值的形成过程上，更多的是靠价值发现，而不是依靠规模化、标准化的测量与度量。另外，文化新资源的复用性特质也很突出，其表现是文化资源越开发越多，越系统使用，它的价值

也就越大。这和常规性的物理性资源的价值是完全相反的，物理性资源的价值越开发量越小，越使用价值越小。文化新资源对环境是友好的，文化新资源的使用和转换能很好地改善环境，净化环境。这一点就特别不像传统物理性资源，使用的过程，往往会伴随环境污染。所以，需要认真挖掘与认知这种文化新资源的特性。

习近平总书记说过："传统文化是一个民族独特的战略资源。"强调传统文化是一种战略资源，这意味着，文化资源不仅仅是一种精神财富，更重要的它是一种物质财富，是一个民族立足于世界竞争过程中非常重要的发展资源，所以这种资源非常具有战略性。

今天我们为什么又特别强调换资源的重要性？这里有两组系统数据。一个系统数据是中华民族五千年的文明，历史文化资源积淀深厚。据不完全统计，文化资源形成的资产价值至少达数百万亿元。另一个系统数据是金融体系发达的现代经济之下，无孔不入的金融体系资产也是数百万亿元。可是，数百万亿元的文化资源资产与数百万亿元的金融体系的资产，到今天为止，几乎没有什么交集。当我们面对高度发达的现代经济、现代产业与现代金融，面对这两个数百万亿元级的系统，竟然发现它们几乎没有任何关联的时候，我们可能都会问：这正常吗？问题出在哪里呢？研究发现，问题就出在我们对文化新资源的认知与转化规律认识的缺失，我们需要的是尽快转换思想，转换机制，换资源，而不仅仅是要换跑道。换资源，就意味着我们面对的是一个全新的发展资源，这个全新的资源领域在发展的过程中，可能会面临很多问题，但新资源会在民族发展与复兴前行的路上创造无限多的价值、财富与空间，增添更多前行的动力。

2. 创新发展的目标界定

对一个区域来讲，创新发展的目标不是孤立的，而是与社会的整体发展及业态的发展趋势相适应与相适配的。对于长汀来讲，其创新发展的基本目标的探索与设定，是在社会及业态发展的基本战略目标的基础上，围绕以下关键点，按照历史与逻辑相统一的原则，不断进行系统化的深化与发展的结果，即特色文化，特色资源，国家历史文化名城利用，资源挖掘、系统化、活化、高质量发展，生态富民：共情、共建、共治、共享、共富，长汀模式，中国的长汀、世界的长汀。在这种努力深化的创新发展过程中，不断探索、总结、试错与调适、明晰其发展的基本战略目标。

（1）社会发展的基本战略目标

中国特色社会主义进入新时代，我国社会主要矛盾已经转化为人民日益增长的美好生活需要和不平衡不充分的发展之间的矛盾。新时代中国经济文化融合发展的战略目标首先就是要充分满足人民日益增长的个性化、多样性的关于美好生活的需要。我们应不断创造生发出更丰厚的特色资源，创造出更多更自由的创富机会，创造内容非常丰富、手段非常普及的新经济发展内涵，并有新基础设施的支撑，关注发挥数字文化经济在克服不平衡、不充分发展鸿沟方面的重要作用。

（2）区域创新发展的战略目标

依托长汀特色文化的资源化、系统化，把特色文化资源在创造性转化、创新性发展的过程中不断实现活化，成为长汀新时代高质量发展与建构新的发展格局的基础与支撑。在这个进程中，通过共情、共建、共治、共享、共富的发展战略及手段，把长汀独特的发展经验，打造成独具特色的长汀模式，围绕实现生态富民这个核心主体，使长汀发展就不仅仅是长汀人的长汀，而是成为中国的长汀、世界的长汀。

（3）业态发展的基本战略目标

实现新时代长汀创新发展的战略目标，需要依靠持续不断地提升文化资源的价值发现能力与水平。要不断达成新时代长汀创新发展的战略目标，首先，仅仅满足于现有文化资源的现状是远远不够的，需要不断挖掘与丰富已有的文化资源，一方面积极创造新的文化资源，另一方面要提升文化资源的价值发现能力与水平，使得满足战略目标所需要的资源能力与水平大幅度提升。其次，要基于数字化发展新型消费体验性业态。瞄准未来数字化消费体验业态的特征和趋势，加快推进文化事业、文化产业数字化战略，用数字化转型推动技术创新、拓展长汀特色文化发展空间与效能。

（二）创新发展的逻辑

对于新时代长汀的发展，我们可以将其逻辑用以下链条来简要概括表示：特色文化—特色资源—特色资源系统化—特色资源活化（创造性转化，创新性发展）—长汀模式（特色资源特色发展，以国家历史文化名城国家文化生态公园为载体）—生态富民：共情、共生、共建、共治、共享、共富—新时代高质量发展的战略格局—建设中国的长汀、世界的长汀。这个系统的发展逻辑，可以归纳为以下五个部分：

1. 特色文化—特色资源—特色资源系统化

长汀特色文化的发展，核心就是要弘扬客家文化精神，传承传统文脉，发扬红色文化，壮大生态文化。长汀用以发展的基础及逻辑始点的特色文化，是以弘扬客家文化精神为主线，融合客家传统文化、名城文化、红色文化、生态文化而形成的多维度的、系统的、独具特色的文化价值观及文化传统与体系。正是依据这种独具特色的丰厚的文化发展，才使长汀具有无比丰富、多样的特色文化资源，而这些特色资源在经过系统化发展之后，资源的特色更加明显、含量更加丰富、创新更加活跃、

丁屋岭　方加兴摄

生发更加多样，为特色文化及其资源的价值最大化打下了坚实基础。

2. 特色资源活化

长汀的特色发展，依靠的就是特色文化、特色资源，而特色资源需要活化，即需要创造性转化、创新性发展。特色文化资源化、系统化之后，要使特色资源价值最大化，就必须推进特色资源活化，而特色资源活化的基本路径有两个，那就是创造性转化、创新性发展。特别是努力挖掘整理红色文化，不断活化红色资源，讲清、讲足、讲系统中国共产党的长汀历史故事。

3. 长汀模式

长汀模式简单概括就是：特色资源特色发展，以国家历史文化名城文化生态国家公园为载体，生态富民。特色资源的活化，就使得长汀的创新发展面临战略选择：如何推动特色资源特色发展这一战略取向不断深化。具体到现实发展层面，就是如何实现长汀经验向长汀模式转型，即如何围绕特色资源特色发展这一战略主线，以国家历史文化名城保护利用为基础，以创建国家历史文化名城文化生态国家公园为载体，在长汀经验的基础上建构长汀模式。

4. 生态富民：共情、共生、共建、共治、共享、共富

建构长汀模式不是各种经验与做法的堆积，它有自己的核心与灵魂，核心是生态，灵魂是富民。而要实现生态富民，长汀在创新发展的过程中，不断总结与提升了基本的战略路径，即共情、共生、共建、共治、共享、共富。

5. 新时代高质量发展的战略格局

长汀模式正在推动长汀新时代高质量发展战略格局的不断形成。长汀模式是在创新发展过程中形成的，是实践的结果，更是在新时代长汀

探索依托特色文化资源，推动高质量发展，建构新的发展战略格局的必然选择。

6. 发展数字化长汀，建设中国的长汀、世界的长汀

在特色文化、特色资源、特色发展过程中，通过围绕长汀历史文化名城创建文化生态国家公园，实现长汀模式的构建，实现生态富民；同时，通过数字化技术的融合发展，建构沉浸式融合体验与数字化融合体验场景建构，建设数字长汀，使独具特色的长汀成为中国的长汀、世界的长汀。

（三）创新发展的理念

长汀创新发展的核心逻辑是特色文化、特色资源、特色发展，其中的动力链条就是：特色文化资源化，特色资源系统化、资产化、产业化、生态化、数字化融合创新，推动长汀经济社会高质量跨越式发展，实现生态富民，共同富裕。其主要的发展理念可以归纳为：

1. 在长汀传统特色保护利用过程中，挖掘资源、系统化资源

从国际文化保护的发展来看，基本的趋势是从单一化保护走向整体化保护利用，并建构相应的保护体系。如从单一关注文化遗产走向关注文化遗产与自然生态的关系，从单一关注物质文化遗产走向同时关注非物质文化遗产的保护，从关注文化遗产的历史价值与艺术价值走向同时关注文化遗产的文化价值，从关注单一的遗产保护到同时关注遗产的活用价值。而这种活用价值的强调，就是对其资源价值的强调。特别是从"文化到资源"，是具有时代意义的，也是当今社会中传统文化的一种新定义。长汀是历史悠久的文化名城，其历史文化沉淀非常深厚，有四个基本的定位，即"千年古城，客家首府，革命圣地，生态新文化"，其实，这些定位都有一条重要的隐形主线，那就是历史文化的贯穿，这已经成为长汀人民最值得骄傲的地方。但现实给我们提出的问题是：为什么没有形成与强大的历史文化积淀资源相匹配的文化产出及效能呢？对于这个问题，我们认为，最为主要的，是历史文化积淀还仅仅处于现象级、形态性的阶段，并没有将其资源化，特别是将已有的资源系统化。所以，如何把强大的历史文化积淀资源化、系统化，已经成为一个区域进行文化振兴与发展的重要前提与基础。

2. 在资源价值发现过程中放大与坚守资源特质

要做到特色文化特色资源特色发展的核心，一方面是要尽可能放大资源的价值；另一方面，就是厘清并坚守特色资源的基本特质。以前在发展传统特色文化时，主要是强调抢救保护，当然抢救保护非常重要，是当务之急，但是抢救保护不是传统特色文化发展的唯一目标，我们还要讲求转化。习近平总书记在十九大报告中提出，要"推动中华优秀传统文化创造性转化、创新性发展"，这个重要论述指导我们要发展传统特色文化资源向当代社会生活转化，向当代社会的时尚生活转化，成为年轻人喜闻乐见的一些消费形式，而不是一提起传统特色文化，就感到非常落后、非常土，离现实生活很遥远，给人一种挫败的感觉。其实，我们的传统特色文化是可以非常现代的，也是可以非常潮流的，只是我们没有很好地研究与发现，没有把它与当代的新科技融合，没有和当代的设计很好地融合，没有形成一些可以融入当代社会生活的时尚产品，从而最终未能形成很大的消费市场与产业规模。实际上，我们经常在分析一些发达国家的文化发展的时候，都会看到发达国家，比如说英国、美国，他们都很重视文化创意，即重视文化资源的创造性转化。英国最先提出来"创意立国"，而美国的文化传播没有靠建立各种学院，搞各种活动，而是靠"三片"——薯片、芯片、大片,是通过商业模式、市场机制进行传播,所以说我们的文化传播,我们整个传统特色文化资源的转化是非常重要、非常具有战略意义的,不是可有可无的,一定要把我们的传统特色文化资源转变成特色文化产业优势资源。这是长汀发展非常重要的一个大的战略方向。

3. 活化特色资源就是创富的过程,基本的路径是创造性转化,创新性发展

活化特色资源的核心是围绕传统特色文化资源的价值发现,充分利用新消费崛起与新科技融合发展的基本动力,在充分研究与认知传统特色文化资源特质与发展内在规律的基础上,沿着传统特色文化资源系统化、资产化、金融化、证券化(大众化)的发展主线,积极建构五个战略路径进行深化突破:一是与科技融合发展,二是与金融融合发展,三是与旅游融合发展,四是与康养融合发展,五是拥抱新消费与数字化进程。

4. 基于资源特质建构创新发展的模式,实现独具特色的高质量发展:长汀模式

首先是特色文化特色发展,坚持问题导向。打破部门界限、行业壁垒、思维隔阂,重点解决政策资源分散、成果转化不够等问题,用系统思维统筹推进,努力构建新发展格局。其次,要坚持高质量融合发展。发挥科技的引领支撑作用,推动文化和科技跨行业、跨部门渗透融合,通过创新链拓展产业链,不断改造传统业态,催生新兴消费体验业态的不断生发。

5. 长汀模式是基于国家历史文化名城创建国家生态文化公园的生态富民之路,即坚持走共情、共生、共建、共治、共享、共富的战略举措

(1) 共情。共情即长汀的创新发展与长汀模式的建构,首先是全体长汀人民共同的战略选择和共同参与的一种认知与行为。它不仅仅是长汀政府的行为，它是全体长汀人民的一种对发展目标的高度认可与认同，是一种对发展愿景的共同情感趋同，也是共同的感情认同，更是一种共同的思想统一聚力的过程，是为了长汀未来发展所产生的向心力与情感凝聚的表现。其次，它不仅仅是长汀自身的发展需求，它也是中央、省、市的共同发展需求，更是全社会不同界别协力发展的共同需要及要求。共情这种态势的形成与发展，能够为长汀未来的发展注入了无形的巨大势能与动力。

古韵店头街　张平摄

（2）共生。共生即长汀是全体长汀人民赖以生存、生活、生产的地方，所以，长汀的创新发展及长汀模式的建构，首先是立足于长汀是长汀人民的长汀。创新发展要满足长汀人民生存、生活与发展的需要，并与之深度融合，成为长汀人民生存、生活与发展的一部分；同时，长汀人民生存、生活与发展的状态，也是长汀的创新发展及长汀模式建构的场景与表现载体，更是其结果的最终评价指标。其次，共生也为外来者提供了融合体验长汀特色文化的接口。也就是说，来长汀的旅游观光者，直接进入的就是长汀人民生存、生活与发展的现实状态、现实场景，每时每刻都是直播，而不是另造景观、另造场景，旅游观光者就是生活在全体长汀人民之中，就身处在长汀历史文化名城的历史中。每一位身处其中的人都在感知与体验历史，也在创造历史。

（3）共建。共建即长汀的创新发展及长汀模式的建构是有战略、有规划、有组织、有考核评价提升的目标性自觉参与行为。首先是长汀人民在目标、规划下的共同的自觉行为，在这一过程中没有旁观者，都是共同的参与者、建设者，并且把这种共建精神融入日常生活与个人的行为中去，并形成横向到边、纵向到底的共建覆盖体系。其次是全社会的共同系统行为，上至中央、省市政府，下至长汀县政府及各部门，再到全国社会各界及长汀人民群众，都是这一过程的参与者、建构者，如成龙等各界社会知名人士的参与，更加提升了这一共建的力度与广度。第三，积极探索进入长汀的外来者，无论是观光旅游客，还是投资者、研究者，介入共建的路径与具体形式，充分整合与发挥外来力量与社会资源的参与。

授予成龙国家历史文化名城古汀州府金钥匙　佚名摄

（4）共治。共治即长汀是长汀人民的长汀，保证其科学持续发展是长汀人民的共同职责与义务。为此，基于长汀的创新发展及长汀模式的建构是长汀持续健康发展的根本，需要科学、高质量、常态化的治理及支撑服务体系的保障，而这个过程既体现出了政府、社会、机构（企业）、个人的自觉参与对成果的共同维护，又体现出了法律法规、政策、规范、自律及社会环境优化的全程参与及深度介入的过程，体现出了长汀是长汀人民的长汀的认同感、荣誉感、使命感，这是共治工作的基础与前提。同时，共治又不仅仅是一个自发与自觉的行为，更需要有相应的综合性服务平台的建设，以保证大众的参与，支撑服务的保障，以及监管治理路径的建构与实施。

（5）共享。建设治理长汀是长汀人民的自觉行为与共同责任、义务，共享长汀的创新发展及长汀模式建构的成果也是长汀人民的基本权利。

在长汀，共享的成果是立体的，有物质的也有精神的，幸福感与生活水平提升的指标不仅仅是物质的保障，生活环境、精神满足等也是非常重要的因素。所以，建设长汀、发展长汀就是以长汀人民为中心，让长汀人民更多、更好地分享发展的成果，更多地感受到创新发展带来的成果，不断提升长汀人民的幸福感与生活水平。全体长汀人民参与长汀的创新发展及长汀模式的建构，就是长汀人民共享发展成果的基础。共享虽然是共同分享共建、共治的成果，但又不是平均分配，而是根据在长汀创新发展及长汀模式建构过程中的参与程度、参与结果及投入的规模来确定的，是在市场经济与机制的条件下，按照多劳多得、多投入多收益的原则，保障每一个人获得基本能力，促进起点和机会的公平是共享的基础；建立一个权利更开放、制度更公正、机会更公平的秩序是共享的关键，最终形成共同由长汀人民来分享创新发展及长汀模式建构所带来的成果的格局。

（6）共富。共富是长汀人民在共享发展过程中的一个结果，强调在高质量发展中促进共同富裕，共同富裕要以"蛋糕不断做大"为前提。这集中体现了长汀是长汀人民的长汀，长汀的创新发展及长汀模式的建构最终是以长汀人民为中心，为长汀人民谋福利。共富是共同富裕，但长汀的实践表明，共富是一个鲜活的立体性状态，是多元化、多向度、多层次的差异化存在，不存在均质化、等量化与统一化的共同富裕，共同富裕是一种满足长汀人民追求美好生活、幸福生活的感受程度的体验过程。同时，共富不是共享后的一个自然过程，长汀的创新发展及长汀模式的建构正在从"资本"驱动，不断向"运营"驱动切换。也就是正在向靠管理、优化、配置去活化长汀的特色资源，使这些资源发挥出更大的社会与经济价值，野蛮生长的时代正在过去，而未来是精耕细作的

店头街　茶籽油摄

时代。长汀人民的共富,首先是要拥有更好的就业和参与长汀创新发展等经济活动的机会;其次是要通过再教育、住房和公共服务的均等化,让长汀人民更方便地参与财富创造的过程中。共富不仅仅是创造更多的财富,还需要由相应的机制、制度来进行规划与分配,是公平与效率的集中体现。长汀人民的共富,不仅仅是物质财富的富,更重要的还有精神财富之富,共富就是要实现人的共同发展,人的能力的共同提高,这是长汀的创新发展及长汀模式建构的重要特色。

6. 提升文化资源号召力,把长汀模式的建构纳入区域国民经济与社会发展计划中

提升传统特色文化资源号召力是长汀新时代新经济发展的战略需要。文化经济是一种新的经济形态,是新时代新经济发展的重要组成部分与重要的战略发展亮点,所以,要把其作为区域经济社会转型发展的重要路径与高质量发展的重要抓手,而要进一步落实这一点,就非常有必要抓紧抓好提升文化资源号召力这一基础工作。而要提升文化资源的号召力,首先要把文化现象、名人、名品、文献、遗存等资源化、系统化,并在此基础上进一步活化。可以说,长汀在创新发展过程中探讨落实提升自身的传统特色文化资源的号召力,就是在落实这两个基本论断。具体到长汀发展的决策层面,是要重点做好以下四个方面的工作:一是把传统特色文化资源的保护利用及开发纳入长汀国民经济与社会发展规划中,而不是将其作为区域社会经济发展工作的一个点缀。二是从战略高度认知、认识提升长汀传统特色文化资源号召力的重要性,下大力气研究与挖掘长汀传统特色文化资源,做好战略研究。尤其是不要把文化价值取向及精神特质、文化艺术事业、文化艺术产业与文化生态的建构割裂开来,它们只有融合共生才能推动区域文化的大发展大繁荣,才能最

终建构起共生有活力的发展生态。三是围绕传统特色文化资源的特质与发展的内在规律，做好顶层设计，下力气研究编制相应的发展规划。四是认真解决好围绕传统特色文化资源综合性服务平台的建设，积极推进在做好保护传承的基础上，深化文化艺术资源系统化、资产化、金融化、证券化（大众化）的进程。

传统特色文化不仅仅是一种思想意识形态、一种文化现象，更重要的是资源，包括精神性的与物质性的，这种资源就像煤炭、石油等自然资源一样重要，传统特色文化产业同样能够带来巨大的财富，这也是长汀经济发展的一个非常重要的方面，对此要进一步提升站位，增强认识，把传统特色文化资源的开发利用纳入区域国民经济发展计划中，让传统特色文化资源真正成为长汀创新发展的宝贵财富，成为区域经济与社会发展的新动能，经济发展的新的增长极。积极推动发展传统特色文化资

古法造纸　修松摄

源与当代设计融合，把传统特色文化与当代社会生活相融合，把传统特色文化消费与体验与当代时尚消费相融合，突出民族特色与资源特色，并把资源优势不断转化为产品优势、消费优势、市场优势、产业优势。

7. 创新传播方式方法，进一步提升长汀历史文化名城的感召力与资源的聚合力

在传统特色文化的创新发展过程中，传播极其重要，与以往人们认为文化的有效传播方式更多的是靠展览、出版、宣传、交易的观念不同，如今人们发现实际上最有效的传播方式是消费，消费是最好的传播机制之一。传统特色文化推广传播的最佳方式是推动传统特色文化产品的消费大众化，如电影、艺术衍生品等的大众消费。目前，在传统特色文化产品产业链中，一些企业已经开始探索，如长汀的一些企业依托丰富的传统特色文化资源，以创意、设计为龙头，以名人、名品、名牌为发展框架，整合资源，让资本介入，整合建构独特的传统特色文化产业链。由此，长汀的传统特色文化、特色资源就自然而然地在消费中被传播了、输出了。特别是将传统特色文化资源变成生动的、有内涵、有价值的产品来吸引消费，将文化"送出去""卖出去"还不够，今后还要以 IP 为核心驱动力打造传统特色文化艺术衍生品产业链，从而把传统特色文化资源沿着产业链配置出去、整合出去，让长汀走向中国，走向全世界。

（四）创新发展的基本布局

在长汀创新发展的过程中，根植长汀特色文化的沃土，依托独特深厚的文化资源，坚持特色发展与创新发展相融合的战略取向，坚守长期可持续发展的理念，融合新的发展形态与业态，深耕细做，不断做大做强长汀模式及其影响力是重中之重。而要进一步落实这一发展理念与战略，需要科学的规划与在时间空间中的合理布局。贯彻生态文明、绿色发展的战略理念，围绕一个中心，建构一个基础，搭建四大生态走廊，实现一个目标的布局，最终实现长汀经济社会与文化的大发展大繁荣：长汀模式，生态富民的高质量发展的战略格局。

1. 一个中心

在做好长汀国家历史文化名城保护利用的基础上，创建长汀历史文化名城文化生态国家公园。

2. 一个基础

即长汀以治理水土流失为起始的重点，建设美丽长汀、绿色长汀，打造长汀生态文明的底色，这是发展与规划布局的基础。

3. 四大生态走廊

第一，以客家聚集发展沿革为线索，围绕客家文化形态与文化精神，建设客家文化生态走廊。

第二，以保护古城风貌为中心，建设"一江两岸"生态走廊。

第三，以整理挖掘红色革命圣地资源，弘扬红色文化，建设红色文化生态走廊。

第四，以绿色发展，推进生态文明建设，建设生态文化走廊。

4. 一个目标

长汀模式，生态富民。

5. 总体发展布局的概述

首先，发展特色文化体验为主旨的文化新经济，打造"千年古城，客家首府，革命圣地，生态融聚"四位一体的长汀。

其次，建设成中国最美丽的、充满人文活力与生态文明的历史文化古城。

第三，做大做强古城文态、客家文化、红色文化、生态文化四大品牌。

第四，不断弘扬客家文化精神，发展文化新经济，创建基于国家历史文化名城的文化生态国家公园，打造"长汀经验"的升级版"长汀模式"，走生态富民、生态文明、绿色发展之路。

汀江湿地　张平摄

（五）创新发展的模式

以绿色发展、生态文明建设为基础，不断强化全域性生态保护，以长汀历史文化名城保护利用为基础，创建长汀历史文化名城文化生态国家公园。创建长汀历史文化名城文化生态国家公园是长汀模式及生态富民的载体与基础。

1. 系统规划并强化规划的权威性，全面推动长汀历史文化名城区域的整体性保护，不断建设以长汀历史文化名城保护利用为基础的文旅融合示范区

首先，推动老城空间秩序管控，展现千年古城风貌。采用客家及闽西传统的建筑风格新建及改建老城区，在继承传统建筑风格的同时可以适当加以创新以适应新的功能需求。

其次，有序推进历史街区保护更新，改善老城人居环境。长汀城区范围内的四条历史街区，现状空间资源优越，商业氛围和文化气息浓厚，形成了多元共存的独特风貌。在保护历史街区原有风貌和环境的前提下，可适当发展餐饮、旅游、购物、文化体验等，为客家居民带来丰厚收入，也扩大长汀文化的影响力。

第三，加强历史文化资源保护利用，焕发老城文化活力。长汀城区内保存有许多有价值的文保单位，或者一些有极大的历史文化价值的建筑急需保护。在创新发展中，应按照国家相关法律规定进行修缮与利用，特别要保护古城放射状格局的完整性，规划特色街巷空间，形成趣味性的线性巷空间，并且增加线性空间的连通性，提升商业活动发生的可能性，提升古城活力。

2. 在长汀历史文化名城的保护中，集中推动长汀历史文化名城古城墙的重点与整体保护，并进一步推进加入"中国明清城墙"联合申遗工作

汀州城墙是第七批全国重点文物保护单位，为保护利用好这一国家重点文物保护单位，充分展示南方城墙独特的文化魅力，助力汀州城墙加入"中国明清城墙"联合申遗行列。建设古城墙风貌保护带及古城墙遗址公园，古城墙周边禁止新建建筑，逐步恢复古城墙的"佛挂珠"的历史格局。

济川门　张亮珍摄

3. 进一步挖掘与整理革命文化资源及内涵，推动革命旧址群文物的整体性、系统性保护与利用，建设红色旅游业态，助力乡村振兴示范区建设

长汀，是著名的革命老区，中央苏区核心区。长汀是国家第一批革命文物保护利用片区县之一，红色资源十分丰富，具有革命烈士多，革命文物多、级别高等显著特征。当年全县参加革命2万多人，其中有名有姓烈士6600多人，居全省之最。全县现有不可移动革命文物80处90个点。

长汀发挥红色资源优势,着力把革命旧址、革命文物打造成一系列红色旅游景观,从而提升了长汀红色旅游教育内涵和旅游品质,推进红色旅游资源深度开发,助力乡村振兴。例如南山镇中复村围绕"红色旅游"这条主线,以盘活红色文物资源为着力点,助力乡村振兴。中央红军长征出发地暨松毛岭战役纪念馆及雕塑广场项目,日前正在实施。同时将国保单位观寿公祠、省保单位红军桥、超坊围屋和松毛岭战斗烈士纪念碑等串点连线,让红色文物串点成线,形成集群效应,成为红色品牌,助力乡村振兴。

围屋　吕卓霖摄

4. 特色资源是长汀创新发展的根本，更加突出地保护好、传承好、利用好非物质文化遗产及其资源，把长汀资源特色做足做实做强

非物质文化遗产随着社会环境条件的变迁必然会逐步发展，从而也才能保有持续的生命力。根据长汀非物质文化遗产项目的特点和现状，需要采取抢救性保护、记录性保护、生产性保护和区域性整体保护等方法实行分类保护。对列入国家、省、市级《非物质文化遗产代表性项目名录》的，应按照各级专项保护规划要求，实行重点保护；为非物质文化遗产提供空间载体，实现"活态保护"；保护和恢复传统地名以及街巷历史名称；保护和发展传统商业和传统工艺；建立非物质文化遗产传承机制等。

长汀县域范围内非物质文化遗产众多，但有级别的并不多，其中包括 1 项国家级非物质文化遗产，3 项省级非物质文化遗产，7 项市级非物质文化遗产，10 项县级非物质文化遗产，此外还有一些民俗，如新桥二月初五、古城二月初一花朝、馆前三月三、河田正月十六灯会、涂坊正月十三灯会等。需要立足于长汀非物质文化遗产众多的优势，进一步挖掘、申报，特别是非遗传承人的确认及命名，从而实现以名人、名品带动非遗产业的发展。

5. 坚持全域性生态保护，推动长汀历史文化名城建设与自然的生态性保护有机地结合起来，强化规划与布局，积极基于全域发展创建"历史文化名城文化生态国家公园"

以建构长汀模式、生态富民的战略发展为契机，推进全域性保护的战略与工作，在自然生态性保护的基础上，推进生态文明与名城建设的相互促进，大力推进创建"历史文化名城文化生态国家公园"工作。一是要重视历史文化名城独特审美特质的挖掘与总结。优秀传统文化强调

"道法自然""天人合一",在历史建筑领域,中国的传统建筑既有等级秩序严格的一面,也有与自然山水融合形成人与自然和谐相处的一面,客家文化、自然生态与古城建设所形成的历史文化,相互融合生发,这就构成了长汀古城的基本审美特征。二要将重视发展生态文明的"长汀经验"向长汀模式的转化发展,融入历史文化名城保护利用的进一步创新发展的建设中,突出在2035文化强国战略实施与将名城建设统筹到创建历史文化名城文化生态国家公园的工作体系中来,在文化生态国家公园发展与管理框架下,进行科学规划建设。另外,长汀还是长征国家公园的建设起始地,要书写融合发展的大文章。

(六)创新发展的举措

建构并完善历史文化名城的保护利用发展的科学体制与管理机制及体系,围绕特色文化、特色资源、特色发展这一主线,建构推进长汀模式、生态富民这一发展战略的调控体系,切实统筹落实把历史文化名城建设工作融入创建历史文化名城文化生态国家公园的过程中。

1. 提高站位,转变工作视角,加大工作力度,强化提升工作质量,不断科学有规划地扩大各级各类保护对象范围,进一步夯实保护利用的家底

进一步提高认识,加强领导,建构统一、高效、常态化的创新发展调控体系,把认识进一步聚焦到历史文化名城建设要融入创建历史文化名城文化生态国家公园的工作中。在这个基础上,进一步深刻认知特色文化、特色资源、特色发展的内涵、内在逻辑及科学发展的框架。要重视文化资源的保护利用,挖掘治理与系统化。特别是对于长汀历史文化名城的物质与非物质文化遗产要着力保护，根据物质与非物质文化遗产自身特色与发展特点，进行整体性、系统性保护，引导其合理利用，以历史文化名城物质空间为载体，对非物质文化遗产加以合理利用，从而达到活化，深入开发利用。以文化旅游和现代服务业为主导产业，引导历史城区进行小规模渐进式有机更新，推进历史文化名城产业转型，进而提高全社会居民生活质量。

2. 既要强调全域保护，也要强调重点区域实施重点保护，处理好全域保护—生态走廊—重点区域—重点事件的保护与利用的关系

坚持整体保护理念，厘清历史名城保护的层次关系，明确不同深度的保护内容、保护重点和保护策略，实现全面保护与重点突出相结合。如对于历史文化名城保护中的历史城区，重点保护其古城格局以及整体风貌；对于历史文化名城保护中的县城，重点保护其自然山水格局、传统建筑风貌、文物古迹；对于历史文化名城保护中的县域，重点保护其自然山水格局，历史文化名村、传统村落以及县域范围内县城范围外的文物古迹与非物质文化遗产。再如历史地段保护，重点保护历史地段内的文物古迹，提出传统建筑保护与整治、利用与发展的措施。

3. 落实以人民为中心的工作思路，围绕提升人民群众幸福生活的感受来进一步提升保护利用与治理水平，不断改善人居环境，提升长汀人民的幸福指数

长汀的选址和城市布局注重天人合一、人与自然环境的和谐共处，符合人居环境科学，这是历史留下来的宝贵财富，必须继续发扬光大。如千年水利工程——定光陂，历经千载、数次洪灾，仍坚如磐石地守立在江面上，每遇洪水，水流可从陂顶流泻而下，枯水季节又能有效拦截江水从引水口出水，为村民、为农田服务。

在创新发展中，要维护长汀自然山水的完整性，对自然山水进行整体保护，合理利用自然资源，强化山体、水体、古城、村落等历史文化本体间的联系，与城市发展产生良好的互动，减少城市生产与生活过程中对生态的干扰，追求人文与自然的和谐共存，构建和谐人居环境格局。立足"佛挂珠"式的古城墙格局，对于周边的现代建筑逐步开展整治，从体量、高度、颜色、样式等方面注重与古城墙格局的风貌协调，保护国家级物质文化遗产的完整性与视廊通畅。

4. 围绕文化消费与数字化技术的融合为重点，通过基于新基础设施的数字化场景建构，大力发展新的文化新消费业态，壮大文化新消费规模

把长汀的创新发展尽快融入消费与时尚文化消费的过程中，通过数字化长汀的建设，不断建构数字化消费场景，通过与数字科技融合，大力发展新的消费平台与项目，积极推动实景演艺秀、主题体验公园等数字科技体验项目，培育新的消费业态与需求，在进一步拓展长汀文化资源价值发现能力与水平的同时，做大做强长汀特色发展的规模与影响力。

5. 强化保护利用效能，彰显保护与利用的示范效应，让长汀人讲好长汀故事，通过长汀人讲好长汀故事

示范效应很多时候能起到事半功倍的作用，如对于名人的追崇、对于榜样的崇尚，可以迅速引起社会的关注，扩大影响力。以著名影视演员成龙捐赠的一栋徽派古建筑龙学馆布局其中、始建于宋代的著名书院卧龙书院，通过修缮与保护，将会成为长汀历史文化名城的重要旅游景点。长汀也被新西兰国际友人路易·艾黎誉为"中国最美的两座小城"之一。通过保护利用效能的提升，首先做好让长汀人讲好长汀故事。同时，也要进一步发掘资源、整合资源，进一步推进让其他人通过长汀人讲好长汀故事。如可以进一步挖掘"庆祝抗日战争胜利美国飞虎队在长汀纪念活动"来讲好长汀故事等。在抗日战争时期，著名的美国空军"飞虎队"在陈纳德将军的率领下，曾在长汀这座国际反法西斯联盟抗日的战略要地浴血奋战，中美两国军民为着人类的美好愿景，在这里携手并肩战斗，建立了深厚的友谊，共同谱写了一曲伟大的国际主义之歌。当年长汀人民与飞虎队勇士在血与火中结下的深厚情谊，犹如丰碑耸立在二战的历史上和热爱和平的人们心中，永不磨灭。

龙学馆　张平摄

6. 提高站位，整合政府与社会力量形成合力，优化特色资源配置，激活资源要素，赋能高质量发展

一是通过建立系统性、常态化的战略—规划—计划—评价—调试等调控体系与机制，形成各方力量与资源整合的工作平台。二是推动形成打破创意、人才、资金等生产要素匮乏的战略不足。长汀的创新发展，在搞好文化资源挖掘、发现的同时，重点是要优化特色资源要素配置，最为关键的是引入外部文化资源。通过外部文化资源要素与内部文化要素的结合，形成化学反应，激活内部文化要素，并不断发展形成适应市场需求的文化新经济土体。而要做到这一点，仅靠发挥政府的作用，借助财政支持显然不够，更需要社会力量的参与与聚合。三是政府引导和社会力量如社会资源、企业、机构、高校、社会组织、文艺家群体等的参与，是特色文化赋能长汀特色发展的催化剂、引爆点。可以通过引入艺术家群体，举办现代戏剧节、国际当代艺术展等，实现进一步活化长汀特色文化资源的目标。通过发展周边的精品民宿，政府在投融资、引入专业设计对传统民居的改造等方面，形成特色古城文化街区与民宿的良性互动关系。四是围绕发展主线形成发展合力的舆论环境，使得各方力量劲往一处使、力往一处用。

汀州夜景　卢雨村摄

第五篇 发展篇

长汀的创新发展是围绕特色资源寻求特色发展，紧扣搞好历史文化名城保护与利用，搞活一座城，围绕创建历史文化名城文化生态国家公园，建构长汀模式，推进生态富民工程，建构长汀新的发展格局这一条主线展开的。在新的时期，长汀的创新发展更多地体现在新格局的建构过程中。

（一）特色资源特色发展

进一步提升对历史文化名城保护与利用内在发展规律的认知，强化文化自觉，加强领导，不断改进治理方式与手段的创新，围绕特色资源寻求特色发展，搞好历史文化名城保护与利用，搞活一座城。

1. 提升认知，加强与改善对历史文化名城保护利用的领导

当今中国政治、经济、社会与文化的发展，无论从理念、状态、结构，还是趋势来看，都已经或者是正在发生重大的变化。因此，长汀历史文化名城的规划和建设，无论在发展的目标、发展的内容、发展的方式，还是发展过程中的治理方面，都应进入一个新的发展时期。新的发展时期伴随着新的经济背景，应建构新的发展理念、新的发展领域、新的发

展方式、新的治理方式，以应对历史文化名城的保护与利用未来发展所提出的诸多机遇与挑战。

面对快速变化的现实与发展趋势，以往城市开发所固化的知识结构与智能结构，所固守的经济及其理论体系，已无法与习近平新时代中国特色社会主义旗帜引领下的城市建设相一致。2012年，长汀县率先成立福建省唯一的国家历史文化名城管理委员会。次年，汀州城墙被列为全国重点文物保护单位。随后成立的古韵汀州旅游发展有限公司，成为名城保护和利用实体化、市场化运作的主体。由此，长汀正式步入历史文化名城的发展轨道。面对新发展格局的重塑，在新时期、新经济发展的基础上，长汀应强调对历史文化名城保护与利用内在发展规律的挖掘和研究，基于新的发展实践建构长汀历史文化名城保护性发展的新理念、新思想，以及与发展长汀模式相适配的新的理论研究和实践体系建设。

我国明确定位于建构以国内大循环为主体，国内国际双循环相互促进的新发展格局，这是党中央为国内经济发展在新时期所定下的一个基本的战略定位，同时也是当下及未来很长一段时间长汀历史文化名城保护与规划的基础。需求和供给是城市发展最活跃的因素，其中，需求又是最活跃的，与之相应的供给则是根据需求拉动而产生。这里所说的需求不是概念、抽象化的需求，而是在新的经济和社会发展情况下，多元化、个性化的需求。这一需求结构的变化也决定了长汀历史文化名城保护与发展的供给端不能是单一化、规模化的传统模式，而要与需求相适应，与长汀居民的实际需要相结合。

中央此前多次强调的供给侧结构化改革就是为了适应当下国内人均GDP超过8000美元的特殊背景下，大众的消费结构在迅速转型，民众的需求也发生了大的变化。以前长汀民众的需求主要是围绕着"嘴"，解决"吃饱"问题，是短缺经济发展的结果。而随着经济发展的结构、规模以及整个经济发展趋势出现新的变化以后，面临的是消费结构的快速转型，"吃饱"在整个消费结构中所占的比例迅速下降，而与文化、健康、环保相关的消费需求在迅速增长。

如何让长汀的人民更加幸福、更加健康、过更好的生活，是摆在长汀历史文化名城保护与开发进程中一个必须解决的基本问题。在这一需求背景下，打通国内大循环下新的需求更多来自精神文化层面，也促使文化艺术、生命健康、美好生活等方面的需求不断释放、增长。这些既是长汀建设历史文化名城的重要机遇，也是长汀未来发展所面临的最大挑战。

长期以来，大众对传统文化的重要地位与重要价值的认知存在一定的误区，这在很大程度上使得中国老城古镇的传统建筑、历史遗存处在一个边缘化状态，认为中国的传统文化缺乏创意，缺少经济价值。实际上恰恰相反，传统文化是鲜活的、当代的，之所以曾经很长一段时间出现了发展式微的局面，主要是开发与利用没能跟上社会经济发展的步伐，没有与当下的现实生活相结合，各界对传统文化的发现不够，推广不足，转化不力，创新滞后。

近年来，长汀按照古迹保护、风貌保存、古韵留存原则，在保持历史街区和古建筑风貌的同时，打造形成了"一江一城一岛"独有的旅游资源，济川门灯火辉煌、店头街雕梁画栋、太平双廊桥凌江飞渡、兴贤坊牌楼拔地而起、八喜馆屹立江边、古戏台乡音缭绕、卧龙书院重振文风。未来发展进程中，长汀历史文化名城保护还应对传统建筑、历史文化发展的战略取向进行梳理和阐述，充分认知中国传统文化与历史资源的价值。

济川门　张亮珍摄

卧龙书院　佚名摄

中国经济的发展已经到达一个临界状态，以往过度的资源开发，使得环境污染的速度已经达到一个临界状态，可以说，这种传统的发展方式已经无法继续，所以，要进行经济转型，推动经济高质量的发展，推进新旧动能的转换，使经济尽快回到可持续发展方向。而要更好地推动经济发展转型，就需要转变发展方式。除了依靠科技创新之外，还必须寻找新的资源、新的领域，而在这方面，传统文化资源及其产业的发展无疑成为最佳选择。长汀拥有大量的历史文化资源，可以为地区新经济的发展提供重要的基础。这些历史文化资源不仅仅是新经济发展的财富，也能给经济发展转型带来非常大的体量和创造力。

习近平总书记在十九大报告中指出："深入挖掘中华优秀传统文化蕴含的思想观念、人文精神、道德规范，结合时代要求继承创新，让中华文化展现出永久魅力和时代风采。"总书记做出的一系列重要论述，为传承和创新发展中国优秀传统文化指引了方向。多年来，以西方为主体的文化观念不断地介入、冲击，中国人赖以生存的民族文化土壤与发展空间不断受到挤压。对传统历史文化的漠视与无知，正在阻碍着中国文化的发展步伐，割裂了中华民族的气魄精神。根在历史，魂在文化。中国文化的继承和发展要摆脱空洞化、表面化、概念化、形式化，就必须向传统文化与历史遗存学习，适应时代审美文化的需要与变迁。

2014年9月，习近平总书记在纪念孔子2565周年诞辰国际学术研讨会上说："优秀传统文化是一个国家、一个民族传承和发展的根本，如果丢掉了，就割断了精神命脉。"发展传统文化资源不能忘记乡愁。中华文化是乡愁的"根"。为此，总书记特别指出："博大精深的中华优秀传统文化是我们在世界文化激荡中站稳脚跟的根基。"传统文化是一个民族独特的战略资源。总书记的这一伟大论述把传统文化上升到一个民族的战略性资源，关键是要通过现代化创造，焕发强大能量，成为推动民族复兴的独特"战略资源"。此外，总书记也强调，要把传统文化资源"活化"，传统文化资源要成为社会财富而并非仅仅只放在博物馆。他用诗意的语言要求重整民族文化资源："让收藏在禁宫里的文物、陈列在广阔大地上的遗产、书写在古籍里的文字都活起来。"

习近平总书记同时强调，要努力实现传统文化的创造性转化、创新性发展，使之与现实文化相融相通。创造性转化与创新性发展也是实现长汀古城传统文化"活化"开发的重要路径与手段。为此，在长汀历史文化名城建设的进程中，要善于把弘扬优秀传统文化和发展现实文化有机统一、紧密结合起来，在继承中发展，在发展中创新，服务于新时代。

2. 在创新发展方式的同时，建构与之适配的治理方式与手段

新经济可能面临的最大的问题，是目前的机构、人员、政策、法律法规等监管管理都是基于传统经济模式而产生与评价的。新经济的发展不仅需要现代体系，更需要有审慎、宽容、创新的治理理念、方式与手段。

在创新发展方式的同时，长汀历史文化名城保护与利用也面临诸如城镇化快速发展造成保护压力加大，工作机构职能不强、执法效率不高，私人产权历史建筑权责不明晰、社会监督制约力不足，资金投入渠道有限等问题，以致历史街区和历史建筑遭受破坏、损坏现象时有发生，保护工作面临严峻形势。如何破解这些痛点与难题？长汀县政府想到的是立法立规，依法治理。为此，县人大代表团分别通过龙岩市人大五届二次、三次全会提出了对长汀国家历史文化名城保护进行立法的议案，该议案得到福建省、龙岩市人大相关领导的重视，龙岩市人大将《龙岩市长汀历史文化名城保护条例》纳入2019年度立法工作计划。这也成为长汀建构符合自身模式发展规律的治理方式与手段的重要举措。

习近平总书记曾说，要树立全周期管理意识，加快推动城市治理体系和治理能力现代化。要强化依法治理，善于运用法治思维和法治方式解决城市治理顽症难题，让法治成为社会共识和基本准则。要注重在科学化、精细化、智能化上下功夫，发挥信息产业发展优势，推动城市管理手段、管理模式、管理理念创新，让城市运转更聪明、更智慧。

在新的发展时期，在新经济背景下，长汀历史文化名城建设也需要建构新的治理方式，以应对现实发展提出的越来越多的挑战与机遇，新的秩序的形成也需要新的治理手段，包括市场治理者素质和方式方法及执行力的现代化。治理体系和治理能力现代化的互动统一推进了治理方式的现代化，从而才能实现治理体系现代化、治理标准（水平）现代化、治理技术现代化、治理能力现代化。

长汀古城作为1994年国务院公布的第三批国家历史文化名城之一，也是福建省4座国家历史文化名城中唯一的县级城市。从唐代至清代的1000多年间，这里一直是历朝历代州、郡、路、府的治所，有着"客家首府""红色小上海"的美誉。在悠久的历史长河中，留下了丰富而璀璨的历史文化。然而，随着城市在空间尺度上的发展、人口的增多、设施系统的日趋复杂，传统以人工手段为主的城市治理模式难以跟上城市的发展形势。未来长汀历史文化名城的治理要加强信息技术同城市治理的结合，在未来智慧城市中实现智慧治理，从而提高公共服务和社会治理水平，实现精细化和动态管理，同时要未雨绸缪，从技术、立法等层面确保个人信息安全。政务方面的信息应越来越公开透明，城市决策更具科学性与互动性，能更好地实现城市资源与公共需求的精准匹配，公众参与、多元协同发展变得更加容易。

店头街雨巷　陈义泓摄

3. 不断强化文化自觉,在挖掘与系统化特色资源的同时寻求发展的战略思路与路径

传统文化是中国社会的一笔重要财富,习近平总书记将中华优秀传统文化提升为"中华民族的基因""民族文化血脉"和"中华民族的精神命脉",增强了民族自信心、民族自豪感和民族凝聚力。他在全国宣传思想工作会议上提出,优秀传统文化中包含着中华民族"最深沉的精神追求""最深厚的文化软实力",可以凝聚和打造强大的中国精神和中国力量。

长汀特色资源的作用发挥,更多地需要进行挖掘并创造性转化,其发展主要有三个大的战略思路与路径:

第一是要与新科技融合。比如传统文化之一的中医文化,就面临这样一个重大的战略课题。不要一提起中医,就总认为是古老的、陈旧的,甚或是落后的，而是要把新的科技，比如人工智能、大数据，包括可视化的技术融合进去。没有新科技的融合，传统文化想要影响青年是很难的，因为隔阂太远，不在一个语境中。所以，传播文化不是去扎个辫子，留个胡子，穿个对襟衣服，不是形式的东西，而是要传播精神，传播文化的精髓。形式可以是多样化的，但精神内涵一定是系统的、有特色的，这是发展的关键。

第二是要与文化融合。传统文化其本身就是一种文化，为什么还要强调与文化融合？原因在于文化不仅是一种实用的物质化的东西，它有自己的哲学思想、价值观念与体系化的行为规范，所以，发展传统文化就一定要按照文化发展的规律去做，而不能仅仅把它当成一个产品、一个项目、一个物化的资源去开发。不能反其道而行之，一定要按照文化的内在规律去发展。

第三是要按照产业的规律去发展。发展传统文化，既要重视市场，更要按照产业的规律去发展。这里强调市场和产业，前提是要做好传统文化的抢救保护。不能把抢救保护与文化产业、艺术市场对立起来，一定要认识到，一些历史文化资源由于与社会脱节太久，需要抢救保护，而更多的传统文化资源，需要进一步挖掘它的文化要素，将其资源化、系统化、资产化、产业化。

4. 改变领导方式，围绕长汀特色资源活化制定区域计划

中华民族的伟大复兴需要积极发掘文化资源，大力发展文化产业，努力传播民族文化立场与文化价值，不断建构世界文化中心。任何一个国家地区或民族在经济发展到一定阶段时，必须要有与之相匹配的文化能力。文化能力是国家经济发展的根本归宿与根本目的所在。在发展文化能力上，以传统文化与历史资源为依托的民族文化是中国特色社会主义道路往哪走、走多远的重要保障，涉及中华民族在世界文明融合过程中所占有的地位，所拥有的话语权。这就要求更加认知中国传统文化与历史资源发展的根脉与文脉，在文化价值的发现与创新发展上下功夫，使其成为中华民族伟大复兴的重要战略要求与路径之一。

2021年8月，国务院印发了《关于进一步加强非物质文化遗产保护工作的意见》，强调了非物质文化遗产是中华优秀传统文化的重要组成部分，是中华文明绵延传承的生动见证，是联结民族情感、维系国家统一的重要基础。保护好、传承好、利用好非物质文化遗产，对于延续历史文脉、坚定文化自信、推动文明交流互鉴、建设社会主义文化强国具有重要意义。

以前在发展非遗时多强调抢救保护，但是抢救保护不是唯一目标，还要讲究转化。目前，长汀已经聘请十余位国内知名专家任顾问，100多位专业人才担任古城保护性开发的建设组织者，还有一大批县内外民间手工艺人、能工巧匠参与城市保护利用工作。未来发展的重点是思考如何将专业化保护与市场化转化相融合，让长汀留住文化技艺，再现往日辉煌。

同时随着数字经济快速发展，不断激发传统行业变革，非物质文化遗产也搭乘数字经济的快车向"网红"转型。尤其是有关政策不断出台，让非遗"网红"之路迎来前所未有的机遇。文化和旅游部此前发布的《"十四五"非物质文化遗产保护规划》中强调，利用短视频、直播等新媒体，培育一批"网红"品牌。短视频、直播等新媒体的加持能够让非遗"听得见""摸得着""带得走"。但也应注意数字媒介展现非遗文化的局限性，避免让非遗品牌塑造止步于表面、流于形式。长汀历史街区的发展应进一步提升代表性非遗产品设计与制作水平，有序地推进非遗品牌转型升级。在原汁原味保持非遗产品形态和文化精髓的前提下，扩大非遗的品牌影响和产业链条。

（二）形成历史文化名城保护与利用发展局面

搞好战略研究，科学布局规划，不断构建长汀国家历史文化名城保护与利用的大发展格局。

1. 在战略研究过程中，把握历史文化名城保护与利用的战略方向与发展的战略路径

文化资源有着非常独特的特质，其价值构成也是多样态与多层次的。在研究中发现，文化资源的价值至少由五个部分构成：物理价值、艺术价值、历史价值、文化价值、市场价值。文化资源的特质及文化价值的结构特殊性，决定了其资源的价值发掘与评判过程是一个价值发现的过程，其价值的形成、价值发掘、价值管理与提升，更多的是依靠价值发现。所以，如何对古城文化价值发现进行系统的研究与管理，是在长汀历史文化名城保护与利用中一个非常重要的基础。

目前，长汀已先后聘请南京大学、同济大学编制完成《长汀历史文化名城保护规划（2017—2030）》《长汀古城保护与旅游发展概念性规划》《长汀历史文化街区修建性详细规划》《长汀历史文化街区沿街建筑立面整改设计方案》，为名城建设布局提供了科学依据。同时在名城保护修复与风貌设计上，长汀在与多家国内知名专家团队多次碰撞后也发现，许多外来专家都与长汀"水土不服"。为此，长汀又抽调了一批了解长汀的本地"土专家"，在搜集梳理古汀州大量传统建筑遗存、图片等资料的基础上，以"过去有的、过去可以有的、

功能合理的、美观和谐的"为原则，提出风貌意见，进行风貌方案设计，逐渐形成了学术引领与地方经验的有机融合，成为长汀模式的重要创新亮点。

特色文化资源的创造性转化有着自身的矛盾复杂性，其战略路径尤为重要。只有明确文化资源开发的战略路径，才能更好地成为国内大循环重要的地区性支撑点。长汀历史文化名城保护与利用的战略路径的实施主要包括以下三个方向：

第一，文化资源化、系统化、数字化、当代社会生活化。传统文化不仅是一种现象、一种遗存、一种文献、一种古迹、一种故事，更重要的是一种资源。要把这种现象、这种遗存、这种文献资源化，资源化的同时还要系统化，在这个基础上，把系统化的资源再进行数字化，这是时代的要求。如果不数字化，那么传播以及各个方面都会存在问题，再进一步靠设计、审美以及时尚流行化的一些市场方式来更好地融入当代社会。

第二，文化资源的系统化、资产化、金融化、大众化。文化资源是整个民族的，除了精神性外，也是整个民族的财富，要把这种传统文化资源资产化，进而把它变成民族的资产，并与金融体系对接，然后再让更多人参与进来，最终实现大众化，让更多的人受益。

第三，要用产业发展的理念来推动文化资源的创造性转化，也就是一定要围绕资源发展的不同业态。没有产业，仅仅是抢救保护，资源的价值是很难实现的。一定要与产业融合，前提是抢救保护是统一的，在产业融合的时候有一条非常重要的主线，就是历史文化资源要靠名人、名品、名牌来推动，产业的集聚优势要靠传统文化IP来实现整个产业的发展。

2. 根据新消费发展的背景及其特征，科学把握历史文化名城保护与利用的发展规律与趋势，科学规划，超前布局

新时代的到来，新消费的快速发展是我们面对的重大挑战与冲击。在短缺经济时代的物质化消费之后，新消费的浪潮扑面而来。文化体验消费为主体的精神消费不断崛起。与此相对应，在时尚化消费的拉动下，产业跨界融合发展成为潮流，以张扬个性为主调的定制化消费，将成为体现消费者消费品格和个性化需求的重要趣向而大行其道。此外，对美好生活品质的追求而引发的新消费业态生发所带来的冲击，也使得消费的便捷、高效、安全性的支撑服务成为人民群众最基本和最迫切的消费需求。

随着人均 GDP 的提升，我国的大众消费结构进入了快速转型期，文化艺术消费成为这种转型的重要构成部分之一。特别是随着"互联网+"机制的不断融合，更是推动了文化消费不断崛起，可以说是文化消费市场迅速提升的生动写照。在消费规模与结构进入快速转型期的过程中，背后反映的是人们的精神消费需求的不断快速增长，这是文化消费发展的不竭动力。平台+互联

网所提供的个性化服务为文化消费提供了多元化、多样态、多路径的可能，特别是产品层面的个性化服务，极大地推进了文化消费及其产业的发展。

新科技的融合发展与文化创新发展的关系越来越密切，甚至出现了一体化发展的趋势。特别是基于大数据的综合服务平台技术、科技鉴定、鉴证备案技术与体系、互联网艺术金融、区块链、客户管理（客户画像）、智能投顾、数据服务、人工智能、VR/AR/MR 用户体验和场景参与技术等的互相叠加和创新；以互联网、大数据为基础设施，以 5G+AI 为基石会

夜汀州　张亮珍摄

催生新的业态，也会进一步推进跨界融合与业务创新、商业模式创新这一进程的深化。例如，长汀在多处街区和景点投入了定点和流动性常态化演艺，增加旅游趣味性；在三洲国家湿地公园内引进房车露营项目，缓解园区住、娱两大要素；在济川门城楼中增加 VR 体验馆和古瓷馆，展示古今结合；在朝圣码头增加游船体验项目，结合灯光秀，打造长汀"夜游汀江"旅游项目等，都是文化科技融合的积极尝试。

湿地公园虹桥　修松摄

长汀的传统街区具有典型的宋、明、清江南客家建筑风格和特征，成片完整保留，为长汀历史古城风貌极为重要的特色之一。依托新科技的融合发展，可以进一步促进长汀传统文化资源从不断被抢救保护向主动参与当代社会与生活的态势转变，地方政府的角色也应从传统文化"拯救"的买单者，逐渐转变为资源化发展与产业化进程的服务者，并不断通过相关配套政策和服务，大力发展传统文化事业，做好传统文化美育与普及。同时，发挥市场机制与产业机制，推进传统文化资源的聚集，充分发挥资源优势。

3. 一张蓝图绘到底，通过"大合唱"与"十个指头弹钢琴"的工作方法，进一步开创历史文化名城保护与利用工作的新格局

长汀的历史文化源于民间，起步于火热的大众生活，其活力源于大众的生活与文化需求，可以预见的是，它也必将在融入当代社会生活的发展过程中不断地得到丰富、壮大，得到弘扬与发展。长汀客家文化不是在金碧辉煌的殿堂之中产生的，其兴起于民间，来自热气腾腾的生活，是鲜活的、大众的，源于大众生活的需要，根植于田间地头、街头巷尾，存在于大众生活的规范、习惯与创造之中。其特性是天然的，而并非是在以后靠人们去打磨建构，更不是刻意为之。它与日常生活密切相关，具有广泛的群众性。这是长汀历史文化、客家文化的根本性所在，也是其最有生命力之所在，更是中国传统文化发展的逻辑起点。

长汀的历史文化不是静态的、概念化的，而是鲜活的、当代的。其发展到今天，不断根据时代的发展，融入新的内容、新的形式、新的审美趣味和取向。传统文化融入当代社会是一个过程，只要人们追求美好生活，传统文化一定会在创新与转化中实现自己的变化与变革，也必然会在当代社会多元化的生活中，再一次绽放它的生命力，再一次弘扬它的精神和实质。

长汀历史文化的战略地位、群众基础、文化根基决定长汀历史文化名城保护与利用一定要关注传统文化，它是长汀模式的精神根基。长汀模式的发展与创新的目的是为了更好地满足、服务大众，更好地活在大众的生活中。这是长汀历史文化名城保护与利用的根本目的、逻辑起点与逻辑终点。

（三）活化特色资源，建构特色发展模式

坚持以习近平新时代中国特色社会主义思想为指导，坚持规划引领，保护与利用、保护与民生、保护与自然的关系，做到历史文化名城保护与优化城区核心功能，合理利用文化资源，改善人居环境，促进生态保护相结合，回应社会诉求，展现长汀历史文化名城"金名片"。围绕特色资源系统化，进一步活化特色资源，不断建构与完善特色发展模式，特别是坚持保护为先、以人为本，保护格局更加完整，保护利用更有成效，人文特色更加彰显，保护治理更加健全。

1. 使特色文化进一步资源化、系统化，形成独具特色的文化资源优势

长汀县政府从 2012 年以来，每年拿出县财政十分之一——5000 万元专项资金，长期投入历史文化名城保护和利用工作中，这对于财力薄弱的长汀县来说相当不容易。同时，当地政府积极发动民间力量，调动民间资本，先后由社会民间关心名城人士组建了古城墙、天后宫、城隍庙、状元亭、五通庙、如意宫等修复协会和理事会，由相关县直主管部门牵头，协会和理事会负责修缮、管理工作，并向社会广泛募捐。又如制定街区的联评联审机制，对名城历史地段危旧房的修缮工作，以及名城街区店招、广告设置等工作进行联合会审，对街区实行有效管理。同时组建街区联合整治组，由专门人员在街区内巡视，加强对街区秩序的管理，尤其是对流动摊点、商铺占道经营，车辆乱停放，垃圾杂物乱扔乱放等影响街区秩序和形象的不良行为进行制止、劝导，优化历史街区环境和秩序。经过多年苦心经营，长汀历史文化资源的资源化、系统化进程明显加快，也为历史文化名城独特文化资源优势的形成奠定了基础。

济川门下段立面改造　丘淞摄

未来还应进一步强化资源活化发展战略，围绕长汀历史文化资源的资产化建构发展动力。其主线是历史文化资源在资源化、系统化基础上的商品化、资产化、金融化。围绕长汀历史古城文化的创作（生产）、销售、流通、消费、服务、环境，沿着文化资源概念态、形态、业态、生态的轨迹，实现价值发掘、价值发现、价值管理、价值实现。2020年11月28日，在中国长汀国家历史文化名城保护日上，《龙岩市长汀历史文化名城保护条例》正式颁布实施。一系列文化资源的系统规划也使得长汀模式成为解决中国古城改造领域与传统街区发展方式的鲜活案例。未来如何巩固完善优势文化资源可以通过以下五方面继续推进：

第一,进一步完善传统文化资源的系统化、资产化、金融化、大众化,最终让当地人、游客都可以参与到资源的开发、利用与分享中去。

第二,以概念态、形态、业态、生态的发展链条进一步完善长汀特色发展模式。

第三,通过价值挖掘、价值发现、价值管理,进一步实现长汀模式下历史文化资源的价值最大化。面对历史文化资源,首先要进行资源的价值挖掘,随后才能进行价值发现,从而进行价值管理,实现价值最大化。长汀文化价值的核心是价值发现,也是长汀模式的创新点。

第四,建构与创新长汀历史文化资源的平台机制。历史文化名城的发展既需要相应的前提条件,需要相应的基础设施支撑,也需要资源各方综合能力的整合。在这一过程中,平台机制可以实现相应条件与整合能力的建构,更好地将长汀悠久的历史文化资源、长汀当下的传统文化产业以及长汀模式整合起来,形成统一的生态发展路径。

第五,进一步形成长汀模式融合机制。融合机制是长汀模式生态建构的重要机制与组织形式,包括产业融合、科技融合及跨界融合。将产业与科技跨界融合,也是新消费背景下长汀破冰的着力点。

2. 基于创造性转化、创新性发展活化特色文化资源,释放发展动能

特色文化特色资源,需要有特色的活化,即需要创造性。如绵延数公里的汀州城墙,就是长汀县的标志性建筑,更是文化名片,特色中的特色资源。2014年3月,汀州城墙与江苏、陕西等十省的城墙一起,联合申报"世界文化遗产"。古城墙作为长汀最具代表性的传统文化资源,其创造性转化与创新性发展有四个需要厘清的问题。

第一,在转化的时候要注意传统文化资源的"灭失"问题。在转化的过程中不能让一些非遗文化现象消失,而是一定要让它们得以传承,要让其资源创造性地转化，这是长汀模式发展与利用的基点。

第二，要注意传统文化资源的"散失"问题。在传承发展过程中不是所有的传承都是好的，一定要注意散失问题。在许多传统文化资源的产业化发展过程中，过度的功利性使得整个传统文化的要素和精神产生了变异，不再具有原来的文化内涵，必须要规避。

第三，在创造性转化过程中，要注意规避传统文化资源的"异化"问题。就像中医在发展与转化的过程中不能把"诊"和"治"割裂开，一味地强调发展中药的现代化，把诊治的技术、最核心的东西丢了，这样的传承发展就是异化。再过五十年、一百年，我们的子孙后代可能就会认为中医原来就是些药丸，而中医大师的诊治技艺、哲学思想则一概找不到，都失传了。

第四，要注意传统文化资源的"贬损"问题。在传统文化资源的发展中，有很多东西非常宝贵，在整个民族历史发展中也是具有战略地位的，但是由于认知的偏差，在实际传承发展的过程中走了样。

3. 坚持依靠特色资源进行特色发展的战略，推动长汀建构新发展格局

按照"政府经营环境、企业经营品牌、市民经营文化和市场"的思路，长汀也逐渐形成了一整套管理机制，即"长汀模式"。为此，在历史文化名城保护与利用过程中，要客观系统地认知长汀模式发展的内在规律，认真解决好发展过程中传统文化的抢救、保护、利用与发展的关系。站在更高的位置，全面系统地认识历史文化名城保护与利用的战略意义与地位。解放思想，从系统性资源化、创造性转化、创新性发展等方面推进长汀模式未来格局的奠定。

传统文化消费是一种深刻的文化体验。传统文化资源的系统转化，传统非遗产品、市场、产业发展的过程，既是一种消费过程，又是一种

文化体验和文化传播过程。在传承长汀历史文化的过程中,历史资源的梳理、挖掘、发现、使用是核心。同时,利用互联网及其机制的发展为基础的新科技融合,将传统文化资源与当代审美设计的融合发展,是其进入当代生活,融入长汀市民当代社会与文化生活的重要路径,也是长汀文化旅游产品创新与文旅产业融合的重要路径。长汀县的历史文化街区一直与老百姓的生活水乳交融,油盐铺、豆腐店、打铁铺、剃头店……这些具有烟火气的小店,在长汀县的历史文化保护过程中延续至今。这既是长汀社会经济转型发展的新资源,也是长汀创新发展的新动力。

(四)中国的长汀,世界的长汀

围绕特色模式、科学规划,建设独具特色的中国的长汀,世界的长汀。

1. 依托特色资源,建构完善特色模式,进一步发展以历史文化名城文化生态国家公园为载体的长汀模式

曲凹晨曦　修松摄

以历史文化名城文化生态国家公园为载体的长汀模式的建构，应重点围绕以下几大特色进行科学部署规划：

其一，留住记忆——传统文化的保护、抢救。传统文化的保护与抢救是长汀模式发展的首要问题，也是历史文化发展的根本前提。保护与抢救并不是传统文化资源发展的最终目标，要在"留住记忆"的基础上，关注传统文化的创造性发展、利用以及其与当代社会生活的融合。例如，此前在街区打造过程中，古韵汀州公司坚持修旧如旧保护性开发理念，突出市场导向和游客需求，注重挖掘主题文化和本土特色，充实文化内涵，完善服务项目，配置特色业态，形成口碑效应。打造了以东大街为主的"草药一条街"；以县前街为主的"古董一条街"；以店头街为主的"手工业一条街"特色街区，突显长汀优势。

其二，生于活化——传统文化资源与当代设计跨界融合。传统文化不仅是一种现象，更是一种重要的资源。不仅是古董遗存、典籍或博物

古韵汀州文昌阁　刘发林摄

馆的展品，更是存在于民间发展中活着的文化资源。利用传统文化资源要素与当代设计融合，更好地与当代社会生活、时尚消费相对接，首先要开发当代生活必需品，而要为当代人所接受，就必须具有当代文化价值，符合当下人们社会生活的审美趋向。其次要使传统文化产业更具有民族性、艺术性，提升长汀文化产业发展的附加价值，就要充分发挥传统文化资源跨界融合的优势，发展具有区域地方特色的传统文化产业，特别是大力发展传统文化元素跨界融入制造业、旅游业等产业，打造长汀文旅新名片，带动城乡建设发展。

其三，长于财富——使传统文化及其资源成为民族重要财富。传统文化是一个民族赖以生存的重要资源，它不仅是一种精神财富，也是一种物质财富。在具体发展中可以学习借鉴西方经验，依靠成熟的市场与产业机制，打造高质量的文化艺术产品，通过发展全球化消费来输出文化价值观念。利用全球产业链来进行文化价值传播，使其在中华民族伟大复兴的进程中发挥重要作用。

2. 不断建构长汀模式新的发展框架、发展空间、发展形态，实现发展逻辑与发展主线的转型

文化生产不同于一般性的产业生产，其最为重要的特征是持久性、普惠性、多样性、差异性与生态性。文化产业的建构、管理与分享决定了要有其独特的规律，不可一刀切、一窝蜂地用一种模式发展。以往政府在文化建设与发展的一些政策中，往往陷入均质化、均等化等理念与概念，殊不知在不同区域与文化建设层面，在面对丰富多彩的民间文艺、区域文化特色等多样态发展格局以及千差万别的文化效能面前，无法做到均质化、均等化。事实证明，只有依托人民大众自身的文化生态，依托本区域的社会经济生态，才能不断创新发展文化能力，才能实现有效

管理。而那种一刀切式的送文化、装备性的发展文化、过度地介入强势文化等，都难以长久。

开发长汀的历史文化资源是历史文化名城建设中最为重要、最为核心的战略任务与战略目的。这是因为，没有文化资源，文化产业就是一种说法，永远不会是现实；没有文化资源，文化自信就是一种自欺欺人的痴人说梦，只会成为别人的笑柄；没有文化资源，文化产业的发展只会是别人的产业飞地，不可能为民族文化的发展贡献力量。相反还会出现因为缺乏文化资源的产业发展，进而摧毁传统文化发展的可能。所以，在长汀历史文化名城的建设中，不能让文化复古挡住文化融合发展创造的视线，而是要有清醒的认知、顶层的设计、战略的路径、符合规律的机制以及行之有效的手段与方法。

3. 在新时代新经济的发展过程中，进一步做亮、做大、做强长汀文化新经济模式，使其成为新时代新经济发展过程中的战略亮点

波澜壮阔的革命战争，给长汀留下了丰富的红色历史遗存，包括福建省苏维埃政府、福音医院、云骧阁、辛耕别墅、中华基督教堂等在内的长汀革命旧址群被列为全国重点文物保护单位。如何通过媒介融合这一创新性转化方式，将红色文化历史积淀更好地转变为爱国教育的鲜活案例，也是长汀模式在强国建设中贡献自身力量，发挥区位优势的重要选择。

需求拉动的跨界融合，最突出的是新消费崛起，进一步带动了文化消费的发展，个性化消费、体验性消费等的兴起。当下面对的消费及其发展态势有了新的发展生态，消费正在走向个性化、多样化，科技与应用一体化。媒介融合为新经济的发展从资源到资产到产业的组织形式，再到产品市场的发展以及到终端消费的整合，都起到推动作用。传统文化资源需要新的媒介融合来推动，而推动的方向一个是消费拉动，即在

云骧阁　胡晓钢摄

媒体融合阶段，消费者消费的趣向越来越个性化，越来越多样化；另外一个是新科技融合发展的驱动。在科技与媒介融合这个大的环境下，媒介融合所需要的底层科技，越来越和媒介融合的应用一体化了。也就是说，媒介融合所需要的科技和媒介产品越来越一体化，科技融合越来越成为媒介产品重要的组成部分。只有理解好传统文化、利用好科学技术，实现媒介融合下的创新性转化，长汀传统文化才能华丽变身，成为习近平新时代中国特色社会主义制度下特色鲜明的中国的长汀、世界的长汀。

4. 在新时代、新经济与文化强国建设中，展示长汀模式的时代价值，进一步建设特色鲜明的中国的长汀、世界的长汀

传统文化资源是新时代、新经济发展中一个全新的资源，这个全新的资源正是媒介融合所面对的，所要重点开发、需要大展"拳脚"的重要领域。以前，往往把媒体融合认为是媒体形式的整合。事实上，它是一种新的业态，在新资源基础上通过市场和产业的组织形式，形成一种新的媒介产业业态。

在新的消费环境下，媒介融合成为全新业态。媒介融合既是载体，又是机制；是平台，更是通道；是内容，更是产品。

在新消费环境下，媒介融合已经是一个全新的业态，已经成为新产业发展的一个载体。这种融合发展机制，又是新业态发展的机制。在媒介融合发展的过程中，实现融合发展的基础就是平台化，而平台化又成为推动媒介融合发展的重要推动力。在新时代、新经济的发展过程中，媒介融合已经参与到文化资源的价值整合、建构与发现之中。资源的价值发现推动了资源的价值整合的系统化、资产化。从此，对文化资源如何进行资产化，资产如何金融化，金融如何大众化的发展逻辑，媒介融合就具有了非常重要的导向性与话语权。

媒介融合发展对于做大、做强长汀文化新经济模式战略意义重大，判断媒介融合是否成功的标志有以下三个方面：第一，是否满足了人们的需求；第二，是否适应了新科技发展的趋势；第三，是否推动了新资源的价值发现。

为加快名城旅游开发步伐，挖掘名城丰厚的历史文化积淀，提高长汀的美誉度，近年来，长汀历史文化名城管委会从多渠道入手，集中各方力量做好名城形象宣传。自主创办的《古韵汀州》杂志深入人心，渐成品牌。

目前共发行了十期。同时与厦门大学共同在大英博物馆、故宫博物院等合作编印了大型历史文献图册《大汀州》；影视传媒影响力不断扩大，屡出精品，拍摄制作了《爷爷家的马头墙》《却道汀水向南流》《新年祝福》等多部音乐 MV、宣传片；网站、微信平台正常运转，宣传力度进一步加大。先后在微信平台举办了我们的中国梦·古韵汀州入场券砸金蛋活动及新桥曲凹哩漂流门票大转盘抽奖活动，成功举办"五一大汀州图片展"，厦门卫视"我们的中国梦·古韵汀州"演出活动，2014 年长汀县"古韵汀州杯"普通话大赛及景区英语讲解员大赛等大型文艺演出活动。

（五）发展特色消费形态，建设数字长汀

以特色资源活化创新特色文化消费形态，建构数字化消费场景，建设数字长汀。

1. 新时代新消费条件下不断兴起的审美文化正在创新文化消费形态

文化是一个国家、一个民族的灵魂。文化兴则国运兴，文化强则民族强。中国的优秀传统文化，对形成和维护中国团结统一的政治局面，对形成和巩固中国多民族和合一体的大家庭，对形成和丰富中华民族精神，增强文化自信，都发挥着十分重要的作用。

为了更好地实现传统文化的生活化，就要注重传统文化与当代审美文化的适配。这意味着我们并不是要把传统文化原汁原味地再现，而是要根据当下审美对传统文化进行转化和创新，使传统文化产品能为当下大众所接受。比如济川门的复建，就是民众的选择结晶。在济川门修复工作启动后，政府委托的项目设计方分别设计了宋代和明清两种风格的方案，相关部门将两种方案通过在三元阁广场、网络等各种渠道公示，

广泛征求群众意见，76.3%的参与者选择宋代风格，最终济川门的修复顺应了群众意愿并吸纳了许多合理化建议。此外，长汀县将大小家祠家庙实行所有权、管理权、使用权剥离，交由民间成立的理事会来修复，将历史文化名城保护工作变成了"长汀人民自己的事儿"。

传统文化还要同时尚消费相融合，要抓住年轻人，体现传统文化消费的时尚性、新颖性，把传统文化当代性的一面发掘出来，将传统文化体验与产品通过创造性转化变成时尚产品与时尚消费。传统文化还需要同科技融合来增强传统文化的体验感。将科技同传统文化要素进行融合，提高传播的参与积极性与效率，形成一种深度的传统文化体验模式。

2. 依托丰厚的特色资源活化的文化新经济，为长汀模式的发展提供了坚实的基础与发展的空间

中华民族留存的各类文化遗产，是祖先留给中华儿女的宝贵财富，更是中华民族上下五千年灿烂文化的结晶。长汀传统文化资源的保护、传承与发展，是历史文化名城建设的重要组成部分。当前，我国非遗保护与发展正在进入一个较好的时期，而古城、古街的保护与发展的能力建设已成为当下长汀模式发展过程中的一个核心问题。随着新时代的到来，长汀历史文化名城保护与利用工作取得了巨大的进步，也让我们看到了非遗融合保护要与现代产业相结合，在现代社会发展中发挥作用，在保护中传承、在传承中发展、在发展中不断地焕发出新的生机和活力。

与此同时也应看到，中国非遗传承发展的理论研究与实践探索，已远不能满足新时期社会经济文化发展的巨大需求。长汀模式必须站在更高的起点、更高的水平上推进我国非遗及其文化的传承发展。习总书记关于传统文化是独特的战略资源的论断，为新时期历史文化的传承发展指明了方向。为此，应进一步提升长汀历史文化资源是长汀最为独特的战略性资源的认知，进一步深刻理解历史文化资源是中华民族复兴与发展的宝贵精神财富与物质财富的战略意义。

长汀以汀江为界分两部分，汀江以西即城墙以内为州郭府署县署，以及唐宋元明清形成的古街区；汀江以东为南宋后形成的水东街、半片街和明末清初形成的商业经济区及居民区。众多会馆、寺庙为长汀城的另一大特色。千余年来，长汀城作为州郡路府治所，闽西八县及广东、江西等省来汀商人、应考生员、读书学子频繁往来，多在汀城兴建会馆，形成了多元一体的长汀特色文化。

在新时代长汀历史文化的传承发展中，一是要继续更好地做好抢救、保护与传承工作，这也是历史文化名城文化传承发展的工作重心与基本的发展底线；二是历史文化资源的传承发展要强调为人们美好生活建设服务；三是要积极推动长汀历史文化资源的创造性转化，为当地经济转型发展提供新资源、新动力；四是要为长汀历史文化、客家文化、红色

汀州官驿　佚名摄

文化、生态文化更好地在保护中传承做出积极的贡献。积极研究长汀历史文化传承发展的内在规律，充分发挥市场机制对于特色文化发展的重要作用，按照文化市场与艺术产业的规律整合发展，不断建构长汀古城非遗文化的发展能力与水平，进一步推动其国际化发展与传播。

3. 坚持数字化转型，基于新的基础设施建构数字化消费场景

瞄准未来数字城市特征和趋势，加快推进文化事业、文化产业数字化战略，用数字化转型推动技术创新、拓展文化发展空间，提升长汀特色文化资源的价值发现能力与水平，进一步促进长汀文化资源活化的能力与水平。

近年来，随着消费结构的快速转型与新消费场景的不断建构，基于数字化的新基础设施不断孵化与发展出新的业态，使得艺术数字资产成为运营发展的核心要素。在新的科技融合推动下，基于数字化的新业态发展已经成为新消费发展的基调。在此基础上，数字化场景的建构及基于数字化的新基础设施的建设，成为观察与认知文化旅游产业数字化发展的两个最为重要的研究与实践的维度。

如何面对国内文化旅游消费的巨大市场需求，立足国内大循环、畅通国内国际双循环，基于城市文化旅游综合服务平台，围绕数字文化资产来提升长汀特色文化资源的价值发现能力与水平，成为一个重要的战略选择。

如今，每逢周末或节假日，人气火爆的场面都会在古城长汀上演——卧龙书院、店头街、古城墙、古戏台、八喜馆等景点处处人头攒动，游客和本地居民各得其乐，或欣赏夜景，或品尝美食，或听戏休闲。来自八方的游客，世代居住在长汀的乡民也成为长汀基于历史文化资源的创新性转化的重要依托。

为此，应重视研究数字产业形态下文化资源融合发展的大背景。新时代长汀历史文化资源的融合发展，应重点关注"四大关系、五大问题、一个新形态"。其中，"四大关系"即统筹国际、国内市场，形成双循环，建构新的市场竞争形态与发展格局；建构系统资源的新形态，处理好资源融合关系；推动创造性转化，创新性发展，处理好转化与发展的关系；以机制创新带动制度创新，以制度创新促进体制与体系变革，处理好机制与体制关系。"五大问题"即全球化视野与本土化利益问题，国际化平台能力搭建问题，国际化产业生态建构问题，数字化转型问题，消费与文化走出去等。"一个新形态"即在文化资源系统化、数字化条件下，基于新基础设施的数字化场景来建构文化新经济形态。

数字艺术产业需要数字化场景与数字资产的适配。数字产业形态架构下，数字化场景需要数字资产，数字艺术资产需要数字化场景的支撑。通过数字化转型推动长汀模式技术创新、拓展汀州古城文化发展空间，其建设的关键是平台化服务。在数字产业条件下，历史文化名城综合服务平台的数字化创新就成为数字艺术资产形成的关键，更是数字化条件下艺术财富管理业态创新发展的关键。

4. 坚持高质量融合建构长汀新的发展格局

发挥新消费及科技的引领支撑作用，推动文化和科技跨行业、跨部门渗透融合，通过创新链拓展产业链，不断改造传统业态，催生新兴业态，拓展新的消费空间与形态。

科技融合发展推动了文化产业数字化发展的进程。数字化场景的建构是一个过程。在互联网主导下的信息化过程中，由于缺乏顶层设计和相应的行业发展标准与规划，实践过程中建立了非常多的基于信息化的数字工程项目，很多项目都成了信息孤岛，无法进行互通互联互融，造成了很大的浪费。

在长汀历史文化名城保护与利用发展的数字化过程中，同样也面临这样的重大问题：那就是数字化场景的缺失。由于缺少数字化场景，或者是数字化场景碎片化、离散化，造成当地文化旅游产业数字化发展中的一些障碍，这些正是需要在数字化以及其基础上新基础设施建设过程中，特别需要克服的一个重大的问题。为此，建构长汀新的发展格局离不开产业的数字化，其中数字化资源、基于数字化的新业态、基于数字化的市场基础、科技融合发展及数字化场景建构是关键。

（六）完善长汀模式，建构长汀方案

在完善与发展长汀模式过程中，不断推进生态富民的发展战略，通过共情、共生、共建、共治、共享、共富的战略进程，打造新时代具有社会主义特色的创新与治理样板工程，为建设社会主义文化强国贡献长汀方案。

1. 不断明晰发展的核心与主线：特色资源与长汀模式

文化的传承，是因为有文化传统的传递、支撑与载体。而文化传统的形成、存在与活力，缺少不了标示性的传薪者、实践者与创造者。近几年，我国文化建设取得了长足的发展。随着文化的快速发展，也显现出一些问题，特别是代表着一些战略取向性的问题，如过分关注文化发展的形式与工具，而忽视文化能力的建设。文化的发展一旦缺少能力，就会造成精神的萎靡及高度的难以提升，就会直接拉低文化的创造力，影响文化的影响力效应。而文化传统的弘扬可以进一步促进文化能力的建设。

在进行文化建设的时候，不要让文化的复古挡住文化融合发展创造的视线，而是要进一步去瞄准发展文化的能力。在这里，关键是要有清醒的认知、顶层的设计、战略的路径、符合规律的机制以及行之有效的手段与方法。

历史传统文化是一种文化创造能力的重要体现，是一个文化系统，呈现的是一种深植于民间生活与文化厚土中的活的而又勃然生发的文化精神、文化资源与财富，长汀历史文化名城保护与利用绝不能仅仅把其当作一种静态化的遗存或者特有的历史文化现象。把历史文化与当下火热的生活相对立、相隔离，本身就违背了历史文化产生与生发的基础。很少有历史文化是产生在书斋里的，它们更多的是因为大众的喜爱与生活的需要，创造产生于田间地头、大街小巷与社会生产生活中的，那种为抢救保护而抢救保护的做法，是走不远、走不长的。

2. 不断强化发展路径：特色资源、特色发展，长汀模式、生态富民，共情、共生、共建、共治、共享、共富

研究历史文化名城保护与利用要注意发源地状态，关注非遗资源的鲜活性的境遇，一旦离开这个状态去研究，就容易走向概念化、文献化的路子，使研究失去立体性、系统性与历史性。所以应强调在历史文化资源的研究分析过程中，既要重视传统文化是一个整体，也要注意传统文化研究分析的四个维度，即一是本体内容研究，强调民族属性，特别是在文化传承过程中增进中华民族的融合，强调以"各族人民世代相承的、与群众生活密切相关"作为传统文化的确认方式，关注动态传承性，把研究的关注点放在本体内容的传承发展上；二是传统文化是发展中的历史文化资源，是在时间过程中的文化，不同状态下的传统文化有着不同的时间或时代烙印；三是传统文化都是在一定空间中生存发展的，空间概念是传统文化发展过程中的基本特征与标志，也就是说，传统文化都是特定空间的产物，不同的空间，一定会对应有不同的文化状态；四是传统文化的发展都是开放的系统，环境是系统进化发展的基础与前提，离开了环境，系统就会瓦解与变异，从这种意义上说，传统文化都是在一定环境下的产物。

3. 通过长汀模式进行发展转型，推动形成高质量发展，建构新时代长汀发展的战略格局

新时代长汀发展的战略格局的不断形成，是长汀模式发展到一定阶段的必然结果。同时，长汀发展的战略格局又推动长汀模式得以健康有序发展。这一战略格局主要包括：一是有利于促进长汀文化产业发展安全的原则；二是有利于促进长汀文化产业发展生态建构的原则；三是有利于促进长汀文化传承与传播的原则；四是有利于促进长汀文化市场与产业发展的原则；五是有利于推动长汀文化产业发展支撑服务体系形成的原则；六是有利于建构以历史文化资源平台化交易为基础的长汀文化产业生态建构的原则。

4. 不断打造新时代具有社会主义特色的创新与治理样板工程：长汀模式

长汀模式不是总结研究出来的，而是在长汀的创新发展及其国家历史文化名城保护利用的长期实践过程中不断形成的，也是在长汀经验的丰富与发展的过程中不断创新的结果。长汀模式的发展主线是特色文化、特色资源、特色发展，其发展的核心是基于创建历史文化名城文化生态国家公园的生态富民工程。

长汀是长汀人的长汀。这就意味着长汀模式的建构、完善与发展，首先是以长汀全体人民的利益为核心，在生态富民的过程中，把更多的成果让长汀人民分享到，更多的感受到，并且有更多的获得感，这是长汀模式发展的第一层面的基本要义。其次，长汀是中国的长汀。长汀模式的创新发展，一方面是为中国传统文化资源的活化探索创新发展的案例，另一方面为到 2035 年把中国建成社会主义特色的文化强国实践探索的一个样板。同时，也是新时代在中国新经济，特别是文化新经济迅速发展的过程中，产生的一个非常重要的基于新资源、新业态的创新发展示范。第三，长汀还是世界的长汀。长汀模式的发展，除了为长汀人民谋福利、建设生态文明，为中国探索特色社会主义文化建设的示范性工程以外，同时更为重要的是它为世界文化的多样性发展，以及世界文化多样性架构下区域发展战略的创新探索，提供了一条可供研究与分析的路径。

（七）专家说长汀

1. 认识历史文化名城，做好名城保护工程[1]

张柏（国家文物局原党组副书记、副局长，联合国教科文组织国际古迹遗址理事会第十五届主席）

我和各位专家一行受长汀县委、县政府的邀请，昨天一早从北京大兴国际机场出发，临近中午抵达龙岩连城冠豸山机场。

午饭后第一站来到位于长汀县南山镇中复村的长征国家文化公园——红军长征出发地"零公里处"，红军长征从这里出发。

美国记者埃德加·斯诺在其著名的《西行漫记》中写道，长征是"现代史上无与伦比的一次远征"，"从福建最远的地方开始，一直到遥远的陕西北部的尽头为止"。"福建最远的地方"，指的就是中复村。当时，

---

[1] 题目为编者所加。

这里是松毛岭保卫战的指挥中心，红九军曾率先在这里踏上二万五千里长征的第一步，这里被称为"红军长征第一村"，也是长征国家文化公园的重要组成部分。

我们参观了红色文物，也参观了红色非遗，接受了一次深刻的红色教育。

第二站我们来到习近平总书记生态文明思想的重要孕育地——长汀河田水土保持科教园参观。在福建长汀，习近平对长汀水土流失治理格外倾注心力，开启了大规模治山治水的新篇章。从1996年5月起，他曾先后五次来到长汀。他轻车简从，进村入户，嘘寒问暖，体恤民情，调查研究，深入了解长汀的发展、水土流失治理工作。习近平对长汀水土保持工作一直挂念在心。2000年5月29日，习近平得知长汀正在建设水土保持科教园，专程托人送去1000元，捐种一棵香樟树。我们在树前合影留念，都特别高兴。

见景生情，深感习近平总书记生态文明思想的无比重要性。

来汀这两天，我们先后到汀州古城的三元阁、卧龙书院、店头街、惠吉门、济川门、古城墙、大夫第、八喜馆、客家山寨丁屋岭、福建省苏维埃政府旧址、三洲国家湿地公园等地参观考察，感受颇多。长汀是国务院1994年公布的第三批国家历史文化名城。当时，我正好在国家文物局分管历史文化名城工作，许多情景还历历在目。长汀是集历史文化、客家文化、红色文化和生态文化为代表的"四位一体"的独特的文化体系，也成就了独特的历史文化名城。这次来长汀考察，我感觉有三好。

一是长汀历史文化名城的保护利用工作做得好。历史文化名城整体工作很扎实、很出色。从2012年开始，长汀就开始探索历史文化名城保护利用与发展之路。长汀先成立了历史文化名城管理委员会，指定一位县委常委和一位副县长共同来抓这项工作，制定了相关法规制度，每年仅政府就投入 5000 万元来进行实体化运作。特别是培养了一批研究和管理人才，同时也成立了古韵汀州文旅公司进行市场化的运作。

经过多年的工作努力，汀州古城风貌已基本得到恢复，经济效益和社会效益日渐彰显，成效显著。这说明长汀党委政府，按照中央精神办，按照习总书记的思想来做，很有文化和远见，因而才取得了今天的优异成绩。我认为应该将这些经验和好的做法认真梳理总结，使之成为可复制、可推广的"长汀模式"。

二是中国文联民协与长汀县委、县政府合作得好。这段时间民协领导高度重视这项工作，亲自组织各方面的力量，吸取全国的好经验，紧密结合长汀的实际与长汀合作，深入调研，细致工作，提高层次，成效显著。这说明历史文化名城工作认真落实中央"政府主导，动员全社会参与"的新时期新体制精神的重要性。

三是这次会议上专家们谈的意见好。专家们从专业和管理的角度，对于两个效益的深度，提出了许多好的意见和建议，我很受启发，很有收获。这次会议的成果对促进长汀历史文化名城的保护利用工作具有重要意义。

对长汀历史文化名城保护利用的做法，我有以下几点体会，仅供参考。

（1）深刻认识历史文化名城的意义

习近平总书记一直高度重视城乡历史文化遗产的保护工作，他在地方工作的时候，每到一个地方都亲力亲为地来推动历史文化遗产的保护工作，习总书记说福建有福州、泉州、漳州、长汀四座国家级历史文化名城，这是福建的骄傲！习总书记提出了一系列富有远见卓识的思想、理念、观点、方法，进行了很多富有开创性、可持续性的具体实践。这次举办"长汀历史文化名城保护利用与实践探索座谈会"非常及时，就在前几天，中央印发的《关于在城乡建设中加强历史文化保护传承的意见》。这次会议上，专家们谈得很实在，也很深刻，是一次深刻全面认识历史文化名城的性质和意义，将习总书记的关心关怀和思想落地生效的实际行动。

（2）做好基础工作

从1982年我国施行《中华人民共和国文物保护法》，公布第一批国家历史文化名城名单开始，到现在已有137座国家历史文化名城、799个中国历史文化名镇名村、6819个中国传统村落，划定历史文化街区970片，不少有价值的工业建筑、文化景观也逐步纳入保护体系。这些历史文化遗产生动述说着过去，深刻影响着当下和未来，丰富了全社会历史文化滋养。但是，在城镇化快速发展的过程中，历史文化名城的基础工作显得更加不平衡，这是摆在我们全社会面前的一项重点课题。

做好基础工作，首先要继续做好调研工作，这是做好保护和利用工作的前提。长汀是一座超过千年的历史文化名城，保护是一项复杂性很高的系统工程，在保护基础上还要加强对各类历史文化遗产的研究阐释工作，要多层次、全方位、持续性挖掘其历史价值、科学价值和艺术价值，以及历史故事、精神内涵。同时要加强法规制度建设，这是做历史文化名城工作的保证。

（3）进一步完善发展的规划

始终把保护放在第一位，全面科学贯彻中央文物工作方针和文物保护法是核心，以系统完整保护传承城乡历史文化遗产和全面真实讲好中国故事、中国共产党故事为目标，本着对历史负责、对人民负责的态度，加强顶层设计，建立分类科学、保护有力、管理有效的城乡历史文化保护传承体系。

（4）做好名城保护工程

加强对汀州古城墙遗址及古城历史上的功能分区的调查勘探，必要时进行考古发掘。将地面上文化遗产保护好的同时要加大对"古汀州地下城"的考古研究和保护，把文化遗产保护工程做深做透做实。

（5）搞好文化遗产展示传播工程

要分层次、分类别串联各类历史文化遗产，构建融入生产生活的历史文化展示线路、廊道和网络，处处见历史、处处显文化，在城乡建设中彰显城市精神和乡村文明。加大宣传推广力度，组织开展传统节庆活动、纪念活动等形式多样的文化主题活动，创新表达方式，以新闻报道、电视剧、电视节目、纪录片、动画片、短视频等多种形式充分展现中华文明的影响力、凝聚力和感召力。

（6）人才队伍培养工程

文化遗产保护利用和传承工作的重大意义，做好人才培养是关键，如果没有专业人才就无法做到科学保护利用和传承。在长汀已有相关经验的基础上，建议多开展这方面的教育与培训实践工作。

（7）政府主导，全社会参与

动员全社会力量，构建多元化参与的机制和体制，以及多元化的资金投入保障体系。通过一系列的保护利用举措，让这座历史文化名城活起来，融入长汀老百姓的生活当中，让我们的城市和乡村处处显文化、见历史，让老百姓在生活当中能够触摸到历史，感悟到文化魅力。

（8）加强交流合作

要走出去，请进来，进行多方面的交流合作。包括市县内外、省内外和国内外多形式多方面的合作交流。同时要进行多学科多领域多种遗产的结合,为长汀历史文化名城的保护利用传承发展做出新的贡献。

(根据2021年9月6日张柏局长在"长汀国家历史文化名城保护利用与实践探索座谈会"的录音整理。)

2. 长汀历史文化名城保护利用体现了高度政治责任感和使命感[2]
罗杨(中央文史研究馆研究员,博士生导师)

福建长汀是一座国家历史文化名城,有着悠久的历史和深厚的文化底蕴。听了长汀县委常委张慕智同志的介绍,更加了解长汀在历史文化名城保护和利用方面多年来所做的大量工作,让我由衷敬佩感慨。昨天史江南秘书长发给我大量的有关长汀名城的资料,内容十分丰富,我还没来得及吸收消化完,但我已经产生了一个想法,就是我回北京之后一定要写一篇关于长汀的文章。

下面我就"走马观花"的感受,简要谈一谈我对长汀这座历史文化名城保护和利用工作的一些感想。

中国的古城很多,但不是所有的古城都能够被列为国家历史文化名城。福建这样一个文化底蕴深厚的省份,才有四座国家级历史文化名城。作为唯一的县级国家历史文化名城,长汀确实符合名城评审的资格。对于一个古城来讲,有历史年代就行了,但是作为一个历史文化名城,要有丰厚的物质文化遗产和非物质文化遗产的支撑作为凭证,长汀做到了。

长汀有诸多的文化遗产。昨晚和今早这么一看,既有诸多丰富的文化和自然遗产、非物质文化遗产,还有宝贵的红色文物。长汀人自己总结出了四张闪亮的名片,即历史文化、客家文化、红色文化、生态文化。

---

[2] 题目为编者所加。

我觉得这些都特别符合中共中央办公厅、国务院办公厅日前印发的《关于在城乡建设中加强历史文化保护传承的意见》所要求的内容。

今天我们在这里举办的"长汀国家历史文化名城保护利用与实践探索座谈会",虽然规模不大,但是特别及时,把会议的地点放在基层,可能是第一个落实中央文件精神的会议。我不知道这是不是一种巧合,在中央《关于在城乡建设中加强历史文化保护传承的意见》公布的前一周,我们就定下来开这次座谈会了,我觉得长汀在历史文化名城保护利用方面特别符合中央的意见要求,体现了长汀县委县政府领导高度的政治责任感和使命感。

中央印发的《关于在城乡建设中加强历史文化保护传承的意见》内容博大精深,其中有一条就提到要建立有效的城乡历史文化保护传承体系,包括历史文化名城、名镇、名村(传统村落)、街区和不可移动文物、历史建筑、历史地段,与工业遗产、农业文化遗产、灌溉工程遗产、非物质文化遗产、地名文化遗产等。而这些内容在长汀基本都存在,并构成了一个有机的整体。这些综合起来就是我们在保护历史文化名城中经常说的文脉。我以为,文脉是历史文化名城的根和魂。所谓文脉,就是通过风格风貌、民俗风情等生生不息、世世代代在这个地方所传承下来的文化传统。它是一座城市的精神气质,是城市文化生成、演变发展的一种逻辑关系和规律。

今天早上,我们沿着汀江的古城墙走了很多地方,看到长汀的老百姓悠然地在城墙下和江边漫步,或唱歌跳舞或锻炼休闲,体现出一种人人气定神闲、人人文明礼貌的风尚。这就是传承出来的长汀风气,这种气息就是这座城市的精神,也是长汀人的灵魂、品质、气质,这些热气腾腾的生活景象所体现出来的是这座历史文化名城的文脉。

近年来，我也走了很多历史文化名城。特别是十八大以来，习近平总书记提出：要像守护生命一样，守护好我们的文化遗产。各级党委政府都非常重视，很多历史文化名城都得到了保护，但是也有很多不尽如人意的地方。比如有很多的历史文化名城的历史空间被现代建筑的空间挤占，文化的空间被水泥的空间挤占，精神的空间被一些乱作为的政绩观所挤占。因此，造成了一些名城的历史文化遗产消失得越来越快，以致一些城市的历史文脉被割断了。城市文脉的一个显著特点就是不可逆性，一旦破坏就无法复原，就会造成永久的遗憾，即使以后建设再大的城市广场，再多的仿古建筑、仿古街，也无法弥补和挽救。去年住房和城乡建设部已提出要给一些不符合条件的历史文化名城摘牌，文化和旅游部也在非物质文化遗产方面已经摘了几个牌，也就是说国家要建立历史文化名城的负面清单制度，搞不好保护利用就可能面临被摘牌。

我经常说，发展是硬道理，硬发展是没道理，推土机推不出和谐社会，大迁大拆大建也建不起美丽中国。而这次来到历史文化名城长汀，让我有一种肃然起敬的感觉，就是我们长汀的各级领导身上，都体现出了高度的一种文化自觉，积极主动地践行习近平总书记提出的文化自信，自觉地把习总书记关于传承和弘扬优秀传统文化的指示，落实到了我们党委和政府的实际工作之中。

所谓文化自觉是费孝通先生提出来的，是指生活在一定文化中的人对其文化有"自知之明"，即对其文化的发展历程和未来有充分的认识。正是有了这种自觉和自信，长汀这些年投资数十亿元来保护利用这座历史文化名城。这些虽然不能"立竿见影"产出大的经济效益，但反映出了长汀领导者长远的文化眼光。

历史文化名城的保护与发展是一对矛盾。我们要学会在保护中利用，在利用中进行保护。古城的保护与城市的发展，或许是一种永恒的矛盾，甚至很难破解，而且城市越发展，现代化过程越加速，这个矛盾可能就越尖锐越突出。这是我们137座国家历史文化名城的领导们都面临的重大的实践课题。如何化解这对矛盾？我觉得长汀给出了一个实践的答案，或者说长汀用自己的实践告诉我们，历史文化名城的保护与城市的发展并非是一对不可化解的矛盾，保护好历史文化名城，完全可以为城市的未来提供了充实的动力和强大后劲。深厚的历史文化底蕴和清晰完整的文脉，本身就是一座城市发展的资源和资本。文脉应该成为渗透到城市肌理中最富有生命力、最富有名城特色的一种文化符号。

城市化是人类社会发展的必然之路，旧城改造也并非不可。比如昨天我们看到的卧龙书院，就有一种从改建之中重新焕发出的生机。我觉得长汀的名城保护和利用可以成为一种成功的范例。

我以为，古城的保护和利用，绝不能做那种吃祖宗饭、断子孙路的乱作为，而是要能够让古老的文化在当代焕发出新的生机，能够把历史和未来对接起来，将旧城改造和新城建设找到一种平衡的关系。这是需要作为领导者解决的问题。作为城市的管理者，是风物长宜放眼量，还是竭泽而渔、鼠目寸光，我觉得这是考验领导智慧的一道必须要破解的课题。中央提出的《关于在城乡建设中加强历史文化保护传承的意见》指明了方向和制度保障。

《关于在城乡建设中加强历史文化保护传承的意见》提出，始终把保护放在第一位，以系统完整保护传承城乡历史文化遗产和全面真实讲好中国故事、中国共产党故事为目标。昨天我们来到位于长征国家公园的中央红军出发地——零公里处的中复村，近距离触摸那段血与火的岁月。看了《松毛岭之恋》，让我热泪盈眶，虽然只有半小时影像节目，但反映出我们这里既有"中国故事",又有"中国共产党的故事"。中央要求系统完整保护传承城乡历史文化遗产和全面真实讲好中国故事、中国共产党故事。我希望长汀古城能够找到更多的历史记忆,能够找到更多的红色痕迹,不仅在长汀古城能够感受到历史的味道,也能感受到新城与古城的传承衔接和融合。

希望我们无论什么时候来长汀,走在古城的每一条街上都能有那种思古之幽情,走在每座桥上都能看见古老的乡愁,走进每个院子都能听到一段传说,走在古街的每个转角处都能勾起一段美好的回忆。

(根据2021年9月6日罗杨教授在"长汀国家历史文化名城保护利用与实践探索座谈会"的录音整理。)

3. 构建科学保护治理体系讲好长汀故事[3]
徐岫鹃(中国文联民间文艺艺术中心主任)

2021年仲春时节,习近平总书记来福建省考察,第一站就来到世界文化和自然遗产地武夷山,观苍崖碧涧,眺层峦叠翠,研朱子理学,习近平总书记深情地说:"如果没有中华五千年文明,哪里有什么中国特色?如果不是中国特色,哪有我们今天这么成功的中国特色社会主义道路?"早在2002年,时任福建省省长的习近平在为《福州古厝》作的序中就指出:"保护好古建筑、保护好文物就是保存历史,保存城市的文脉,保存历史文化名城无形的优良传统。福建有福州、泉州、漳州、长汀四座国家级历史文化名城,这是福建的骄傲。"习近平总书记对文化遗产保护及其与发展经济、城市建设之间关系的思考,高屋建瓴,闪耀着思想的光辉。

---

[3] 题目为编者所加。

昨天下午我们考察和参观了中央红军长征出发地"零公里处"、松毛岭战役遗址群、长汀县水土保持科技园、卧龙书院、店头街等；今天又漫步在汀州古城上，一路的所见所闻所感，使我对期待已久的国家历史文化名城长汀有了深刻了解，令我感慨万千。长汀不愧是一座有着千年历史的"山水"古城，其历史文化、客家文化、红色文化和生态文化为代表的"四位一体"的独特的文化体系得到充分彰显。

今年（2021年）是中国共产党成立100周年，"十四五"的开局之年，我们举办这次座谈会，紧扣保护利用与实践探索主题，围绕加强历史文化名城保护，提升城市发展品质，深入挖掘长汀风范、古都风韵、时代风貌的资源特色，在创新发展中探寻出一条独具长汀特色的名城保护与利用的新路径，意义重大。历史文化是城市的灵魂，保护好城市历史文化遗产就是守住了文化的根、留住了城市的魂。以时代精神激活中华优秀传统文化的生命力，是我们在新时代开展民间文化遗产抢救保护工作的遵循，是建设社会主义文化强国的思想基础。

前不久，在中国民协召开的第十次全国代表大会上，中共中央政治局委员、中宣部部长黄坤明出席开幕式并讲话，他强调要认真学习贯彻习近平总书记"七一"重要讲话精神，贯彻落实习近平总书记关于文艺工作的重要论述，坚守中华文化立场，传承中华文化基因，推出更多民间文艺精品，不断焕发民族文化瑰宝的神韵风采。他希望广大民间文艺工作者怀着对民族文化遗产的珍视之心、对伟大祖国的赤诚之心、对人民文化创造的礼敬之心，坚持保护第一，担当传承使命，精心实施中国民间文学大系出版工程、中国民间工艺传承传播工程，深入推进中国民间文化遗产抢救工程等，确保文化瑰宝薪火不断、代代相传。

中国民协从20世纪50年代以来，一直致力于民间文化的调查、研究、出版、弘扬工作，至今已经走过了70多年的历程。进入21世纪，在冯骥才主席倡导和带领下，中国民间文化遗产抢救工程为我国加入联合国教科文组织《非物质文化遗产公约》起到了重要的推动作用，至今仍在发挥着抢救保护民间文化的功能。根据未来五年规划，中国民协将继续秉承学术立会的传统，落实"创造性转化、创新性发展"理念，加强民间文化资源转化，服务乡村文化振兴，坚持社会主义核心价值观，团结发挥专家学者的作用，以传承保护为工作重心，共同承担起传播优秀传统文化的使命和任务，深度推进中国民间文化遗产抢救工程，为持续挖掘、保护、传承优秀民间文化资源贡献力量。

近日，中共中央办公厅、国务院办公厅印发了《关于进一步加强非物质文化遗产保护工作的意见》《关于在城乡建设中加强历史文化保护传承的意见》。两份文件是在全面建成社会主义现代化强国第二个百年奋斗目标的重要时刻出台的，不仅对非物质文化遗产保护工作以及加强历史文化保护传承做出了全面部署和明确要求，也为推进这两项工作高质量发展提供了根本遵循和工作指南，更是党和国家延续中华文脉、传承中华优秀传统文化的重大战略举措。《关于在城乡建设中加强历史文化保护传承的意见》中提到："适应活态遗产特点，全面保护好古代与近代、城市与乡村、物质与非物质等历史文化遗产，在城乡建设中梳理和突出各民族共享的中华文化符号和中华民族形象，弘扬和发展中华优秀传统文化、革命文化、社会主义先进文化。"这对于构建科学的保护治理体系，讲好长汀的故事，梳理和总结长汀独特模式具有非常重要的现实意义。

目前，我国已公布137座国家历史文化名城、799个中国历史文化名镇名村、6819个中国传统村落，划定历史文化街区970片，不少有价值的工业建筑、文化景观也逐步纳入保护体系。这些历史文化遗产生动述说着过去，深刻影响着当下和未来，丰富全社会历史文化滋养。日前，国家文化公园建设工作领导小组正式印发《长征国家文化公园建设保护规划》，长汀等5个县（区）列入长征国家文化公园主体建设范围。国家文化公园是国家文化形象的塑造地和国家文化软实力的展示地，它将为长汀历史文化名城的保护传承提供更有力抓手，和更多发展路径。我相信，有各级党委和政府大力支持，各个部门的协同合作，长汀的明天会更加美好。

（在2021年9月6日"长汀国家历史文化名城保护利用与实践探索座谈会"的发言。）

4. 在新时期战略格局中把握长汀发展战略路径

西沐（中国民协理事、非遗资源评价管理研究委员会主任，中国政协文史馆研究馆员，教授，博士生导师）

今天，中国特色社会主义进入新时代，习近平总书记从中华民族伟大复兴的历史高度对文化发展、文化建设工作已经做了重要的战略阐释，从社会主义文化建设的本质与规律出发，对"以人民为中心"的文化发展与建设方向做出战略部署，可以说使民族文化的发展与传承提高到了一个新高度、新境界，也进一步打开了新的视野，由此而产生的文化发展建设的理念、使命、方法等，不断融入新时代区域经济社会转型发展的过程中，指引、鼓舞着多元背景文化的创新发展与探索，长汀的创新发展就是在这一背景下不断深化、不断生发的。

（1）在国家文化建设大战略格局中认知长汀模式发展的战略意义

长汀创新发展，一方面离不开国家新时期文化建设发展的战略格局，另一方面离不开新科技的融合发展及消费市场的不断转型与创新发展，特别是新经济条件下文化新经济的深化发展。近几年，中共中央、国务院比较密集地提出相关的建议、意见等，可以说，都是长汀创新发展的重要依据与行动纲领，我们应认真学习、研究与领会，并根据自身的具体情况，创造性地执行与落实。

首先是2017年，中共中央办公厅、国务院办公厅印发的《关于实施中华优秀传统文化传承发展工程的意见》指出：要牢牢把握社会主义先进文化前进方向；坚持以人民为中心的工作导向；坚持创造性转化和创新性发展；坚持交流互鉴、开放包容；坚持统筹协调、形成合力。特别提出：到2025年，中华优秀传统文化传承发展体系基本形成，研究阐发、教育普及、保护传承、创新发展、传播交流等方面协同推进并取得重要成果，具有中国特色、中国风格、中国气派的文化产品更加丰富，文化自觉和文化自信显著增强，国家文化软实力的根基更为坚实，中华文化的国际影响力明显提升。

其次是2020年，《中共中央关于制定国民经济和社会发展第十四个五年规划和二〇三五年远景目标的建议》明确提出：到2035年，我国将建成文化强国、教育强国、人才强国、体育强国、健康中国，国民素质和社会文明程度达到新高度，国家文化软实力显著增强。这是自党的十七届六中全会提出建设社会主义文化强国以来，党中央首次明确了建成文化强国的具体时间表。除此之外，还对文化建设进行部署，指出要繁荣发展文化事业和文化产业，提高国家文化软实力，并从三个方面入手，部署了未来文化建设的重点任务。一是提高社会文明程度，二是提升公共文化服务水平，三是健全现代文化产业体系。

第三是2021年，中共中央办公厅、国务院办公厅印发的《关于进一步加强非物质文化遗产保护工作的意见》指出：以习近平新时代中国特色社会主义思想为指导，深入贯彻党的十九大和十九届二中、三中、四中、五中全会精神，坚持以社会主义核心价值观为引领，坚持创造性转化、创新性发展，坚守中华文化立场、传承中华文化基因，贯彻"保护为主、抢救第一、合理利用、传承发展"的工作方针，深入实施非物质文化遗产传承发展工程，切实提升非物质文化遗产系统性保护水平，为全面建设社会主义现代化国家提供精神力量。文件明确提出：到2025年，非物质文化遗产代表性项目得到有效保护，工作制度科学规范、运行有效，人民群众对非物质文化遗产的参与感、获得感、认同感显著增强，非物质文化遗产服务当代、造福人民的作用进一步发挥。到2035年，非物质文化遗产得到全面有效保护，传承活力明显增强，工作制度更加完善，传承体系更加健全，保护理念进一步深入人心，国际影响力显著提升，在推动经济社会可持续发展和服务国家重大战略中的作用更加彰显。

事实上，我们对新时期文化发展与建设的认知也是经历了一个不断深化的历程。这如同长汀的创新发展也是一个认识不断提升与实践不断深化的过程一样。在经历了从长汀经验向长汀模式的跨越之后，在继续提升认知与强化担当的过程中，完成长汀模式向长汀方案的跨越。这是历史给予我们的一个重要的机遇，我们需要进一步提高站位，积极创新探索。为什么这么讲呢？实际上文化建设的问题，历来是我们党和国家非常重视的一个极其重要的政治和经济问题，特别是改革开放以来，文化的建设何去何从，如何进行更快更好的具有社会主义特色的文化建设，是摆在我们党和国家面前的一个非常重要的战略课题。经过长时间的探索，也走了不少的弯路，我们的文化建设工作取得了一些成绩，积累了经验。最为突出的是从改革开放以来，文化市场概念的提出，到文化市场的不断繁荣，文化建设的不断发展，使人们认识到不仅仅有文化事业，而且还有文化产业，于是文化产业迅速发展，这可以说是改革开放以来文化建设方面取得的一个重大的突破。特别是新的世纪以来，尤其是近几年的迅速发展，文化产业及其新业态有了新的巨大进展。随着文化产业发展的战略格局越来越清晰，我们认识到在重视文化事业充分发展，搞好公共文化服务的同时，更要重视文化产业，尤其是其新业态的发展。特别是在新科技融合和新消费不断转型、深化的过程中，文化产业的发展进入了一个新的快车道。文化产业作为一个新的形态，在近几年的发展过程中，使人们越来越感觉到他是在新经济条件下的一个文化新经济的形态，而文化新经济的发展不仅仅是一个企业、一个项目、一个行业的视角，它是基于文化资源的一种新的价值发现和形态的生发，是与区域的振兴、区域的发展和区域人民大众的获得感及共享共富的重大战略问题有直接的关系。但是，近几年文化产业方面的很多实践探索，不仅仅在理论上没有取得系统性的突破，而且在实践探索中也没有很好的成功案例，或者说没有形成值得大规模推广的示范样板，所以，文化产业的探索，是在文化建设过程中非常急需的一个重要的方面，而长汀的创新探索，可以说打开了一个重要的探索的窗口。对此，我们要有紧迫感、历史感与使命感。

（2）要深刻认知长汀创新发展的内在逻辑

认知长汀创新发展的内在逻辑，就是要进一步搞清长汀创新发展的内在规律问题。因为只有搞清楚了长汀创新发展的内在逻辑与内在规律问题，我们才可能居高望远、纲举目张，不断加强党的领导，搞好顶层设计，完善各项政策与手段，把长汀的创新发展工作做好。具体来说，长汀创新发展的内在逻辑主要可以总结为：

①基于特色文化、特色资源的特色发展

长汀的创新发展,其主线就是特色文化、特色资源、特色发展。对长汀来说,其特色文化,主要就是客家文化、古城文化、红色文化及生态文化。而在研究考察过程中,我们深刻地认识到,长汀用以发展的基础及逻辑始点的特色文化,是以弘扬客家文化精神为主线,融合客家传统文化、名城文化、红色文化、生态文化而形成的多维度的、系统的独具特色的文化价值观及文化传统与体系。正是有了这一基础,长汀的特色文化才更为独特,其文化资源才无比丰富、多样,生态构成才更加丰富、发展更加鲜活、生发更加勃然。这种基于独特的丰厚的特色文化资源,就成为长汀创新发展的不竭源泉与动力。

②基于特色文化、特色资源、特色发展的核心就是发展文化新经济业态

新经济的兴起发展,最为关键的是新资源、新基础设施与新手段的不断崛起。长汀的创新发展之所以要关注文化新经济的发展业态,最为关键的是,长汀具有丰厚的独特的特色文化资源,以及这一新资源的发掘与价值发现的平台。

③特色资源活化的有效途径是建构与完善长汀模式

长汀特色资源的活化不会自然发生,需要有相应的机制与路径、手段,长汀人在长时间的实践过程中,把这一过程与架构总结为长汀模式,其核心就是围绕独特的特色资源活化做文章。

④建构新时代高质量发展的战略格局

即生态富民:共情、共生、共建、共治、共享、共富。

(3)要深刻挖掘与系统整理提升长汀模式

建构长汀模式不是一个逻辑架构,也不是一个华丽的新概念,更不是一个政绩工程,而是长汀创新发展的一个历史阶段及历史必然。一是

长汀模式的提出与建构，是基于其深厚的历史文化及生态文化积淀及长汀创新发展的需要，是历史与现实发展的交汇过程中形成的选择。二是生态文明绿色发展过程中的一个战略取向。特别是基于新科技融合发展及消费转型深化发展背景下，新经济，特别是文化新经济发展的必然选择，即是长汀经济文化发展转型的一个重要战略选择。三是长汀模式的建构是以人民为中心实现共同富裕的战略要求。特别是围绕特色文化资源来谋求特色发展，从而实现共享、共富的一个战略选择。关于长汀模式的建构与发展，重点要突出以下几个方面：

①要进一步厘清与丰富长汀模式的基本内核与基本内涵

长汀模式的基本内核是基于特色文化、特色资源、特色发展进行文化资源活化，实现生态富民。其基本的内涵可以大概总结为：一是基于特色文化、特色资源进行资源系统化与活化，形成丰富而又鲜活的文化生态；二是依托丰富而又鲜活的文化生态，基于独特的特色文化资源，发展文化新经济；三是在文化新经济的新业态发展过程中，实现生态富民。

②要进一步挖掘长汀模式发展的基本战略目标与内在动力

长汀模式发展的基本战略目标有三个：一是长汀是长汀人的长汀，以人民为中心，让长汀人有更多的获得感；二是生态富民，在机会快速产生的过程中，通过共享，不断实现共富；三是长汀是中国的长汀，世界的长汀。其内在的发展动力主要有两个：一是特色资源活化及资源价值发现能力与水平的提升；二是新需求拉动、新科技融合推动及内在机制与治理的驱动。

③要进一步研究与系统总结长汀模式发展的基本战略布局及战略路径

在长汀创新发展的过程中，生态虽然是从水土流失治理这一自然过程入手的，但长汀模式发展到今天，关于生态的理解，更多的应该是文化生态。而生态最大的要义是多样性与整体性，所以，长汀模式最为重要的布局就是围绕特色文化、特色资源的不同维度，去建构生态进化发展的多元维度即多元性，具体的物理时空，就是要整合资源，建构不同的生态文化长廊。

④要进一步探索研究长汀模式发展的支撑保障体系

任何模式的存在，都不可能脱离相应的体系，尤其是支撑保障体系，长汀模式也不例外。所以，探索研究长汀模式发展的支撑保障体系，是建构与完善长汀模式必不可少的重要工作。

（4）为建设社会主义文化强国贡献长汀方案

①长汀模式与长汀方案不同

长汀模式是基于其创新发展的逻辑及内在发展规律的一种机制与体系的建构，是长汀创新发展的基础与架构，更是长汀创新发展能够系统、常态化发展的基本保障。而长汀方案则是在长汀模式发展的基础上，进一步提升，上升为可以进一步在面上推广的一个行动方案。长汀方案既是一个有系统理论支撑的行动方案，又是一个可以进行落地的实践架构。

②长汀模式首先解决的是长汀及长汀人生存与发展的问题，而长汀方案更加宏观与普适，解决的是面上的某一类普遍问题，是具有普遍意义的行动框架与解决方案

事实上，当下，在文化强国建设中，我们缺少的不是项目、资金，而是可供借鉴的案例及可供参照的成功方案。其实，中共中央办公厅、国务院办公厅印发的《关于实施中华优秀传统文化传承发展工程的意见》指出：中国共产党在领导人民进行革命、建设、改革伟大实践中，自觉肩负起传承发展中华优秀传统文化的历史责任，是中华优秀传统文化的

忠实继承者、弘扬者和建设者。随着我国经济社会深刻变革、对外开放日益扩大、互联网技术和新媒体快速发展，各种思想文化交流交融交锋更加频繁，迫切需要深化对中华优秀传统文化重要性的认识，迫切需要深入挖掘中华优秀传统文化价值内涵，进一步激发中华优秀传统文化的生机与活力，迫切需要加强政策支持，着力构建中华优秀传统文化传承发展体系、维护国家文化安全、增强国家文化软实力、推进国家治理体系和治理能力现代化。长汀模式不断要走向长汀方案，就是这一思想的最好的实践性诠释。

③提高站位，长汀方案的提出与完善，既是创新又是一种担当

从党中央提出的在 2035 年实现文化强国这一时间表来看，我们需要探索更多像长汀方案这样的文化振兴区域经济、振兴区域特色文化的方案，只有这样，文化强国建设才会生龙活虎、丰富多彩，才能真正在 2035 年完成实现文化强国建设的目标。所以，我们在这里特别强调长汀方案形成的重要意义，也是我们反复讲"长汀是长汀人的长汀，也是中国的长汀、世界的长汀"的内在含义。

5. 搞好名城保护与利用、搞活一座城
史江南（长汀"荣誉市民"）

长汀是以历史文化、客家文化、红色文化和生态文化为代表的"四位一体"的国家历史文化名城。2020 年 11 月 28 日，作为荣誉市民，我受邀参加了 2020 中国长汀国家历史文化名城保护日活动暨《龙岩市长汀历史文化名城保护条例》颁布实施启动。受新西兰前总理、博鳌亚洲论坛理事珍妮·希普利荣誉市民委托，代表她和我个人名义，在活动开幕

卧龙夜色　李艺爽摄

仪式上进行发言，提出以下发展观点建议，县委、县政府非常重视，特委托我牵头开展这方面的研究。

（1）理清文化遗产保护及其与经济发展、城市建设之间关系的发展，打造名城保护利用的"长汀模式"

2012年，长汀在启动名城工作以来，就开始探索历史文化名城保护利用与发展之路。经过多年的工作推动，汀州名城风貌已基本得到恢复，名城旅游经济效益和文化效益日渐凸显，各项工作得到各级各界人士的一致好评，但还是有一定的发展局限性。

深入学习贯彻习近平总书记对福建省自然和文化遗产保护利用工作的重要指示批示，对水土治理"长汀经验"发生的变化是如何融入名城保护与传承当中，如何领会习近平总书记对长汀的特殊关怀、如何将这种关怀转变成为名城发展的强大动能，变成资源，落地生效。为长汀今后名城各项工作开展提供全方位、高起点、大格局的指导方向。

十八大以来，习近平总书记高度重视文化和自然遗产保护工作。早在福州、福建工作期间，习近平总书记就对自然和文化遗产保护，提出了一系列开创性的工作理念和实践方法。习近平总书记在《福州古厝》撰文说，福州、泉州、漳州和长汀这四座国家历史文化名城是福建的骄傲！

我国已公布的137座国家历史文化名城中，尚无任何一座历史文化名城在应对文化遗产保护及其与发展经济、城市建设之间，提出可操作性、可复制性的路径、方案。以此，长汀应抢抓这一历史机遇，在建党百年之际推出名城保护利用的"长汀模式"，将长汀名城工作提升到全国的发展层面。

"名城长汀模式"就是水土治理"长汀经验"这些年发生变化，"滴水穿石、人一我十"的精神融入名城保护与利用当中的最佳实践。"名城长汀模式"就是生态富民：共情、共建、共治、共享、共富；特色文化、特色资源，特色亮点。特色文化特色发展，"长汀模式"不断成型，生态富民生机勃然，从"长汀模式"、生态富民走向共同富裕。

"长汀模式"是十八大以来，长汀名城建设顺应时代要求，体现党的理论创新和历史文化名城发展实践的最新成果。贯彻新发展理念、构建新发展格局、因地因时制宜，大胆探索的名城"长汀经验"的推出，必将成为全国知名创新品牌，为中华优秀文化的创造性转化与创新性发展的特色实践中,提供可借鉴、可复制、可推广的应用价值。深入总结"长汀模式"的创新做法和先进经验,以优异成绩庆祝建党百年。建议在今年11月28日的长汀名城保护日活动期间举办高层次的峰会论坛并发布。

(2)把握政策导向、突出问题导向、紧贴需求导向,要以《龙岩市长汀历史文化名城保护条例》实施为契机,将名城发展工作统筹到国家公园体制建设中,提出建设全国首家县级全域"历史文化名城国家公园"

《十四五规划》和《2035远景目标建议》指出,传承弘扬中华优秀传统文化,加强文物古籍保护、研究、利用,强化重要文化和自然遗产、非物质文化遗产系统性保护,加强各民族优秀传统手工艺保护和传承,建设长城、大运河、长征、黄河等国家文化公园。国家文化公园建设工作领导小组印发《长征国家文化公园建设保护规划》,长汀列入长征国家文化公园主体建设范围。当前,中央已构建起了历史文化名城保护利用与发展体制的顶层设计。

国家公园体制作为我国生态文明制度建设的重要内容,对于促进人与自然和谐共生,具有极其重要意义。长汀名城,是宝贵的文化和自然遗产,是不可再生、潜在的巨大旅游资源,体现了一种人与自然和谐相处的文化精髓和空间记忆,具有较大的历史、文化和经济价值。因此,将名城发展工作统筹到国家公园体制建设中,是一项非常值得探索的新发展格局,体现了将习近平总书记的深切关怀落地生效。"历史文化名城国家公园"是什么、建什么以及怎么建,都有完善政策支持体系,更为历史文化名城更好地保护、管理、建设与运营提供更好的指导、规范、引领作用。浙江省松阳县就利用松阳规模化传统村落资源,2020年提出建设首家"国家传统村落公园",获得国家层面广泛关注。

（3）对标乌镇，升级举办中国长汀历史文化名城保护日活动等，大力开拓和提升名城外部吸引力和凝聚力，从而为名城注入后劲，提供有力支撑

要做好文旅产业这篇"大文章"，让名城真正活起来，兴起来，强起来，不在于一点一景的营造上，要着眼于全局，提升到整体"区域运营"的层面，"跳出名城做名城"。在充分挖掘调动自身在文化、旅游领域的核心优势基础上，放之全国的视野范畴，进行战略占位，然后找准有力的"抓手"，尤其在吸引客流、人才流、资金流、项目流等各项优势资源要素聚集上，打造"整体驱动力"，培育名城文旅等产业发展的丰厚土壤，大力开拓和提升名城外部吸引力和凝聚力，从而为历史文化名城注入后劲，提供有力支撑。

会展经济作为文化与旅游的重要组成部分，不仅起着游客聚集的直接带动作用，而且通过优质资源及产业的导入，将极大推动由单一观光型向复合型转型升级。同时借助会展经济 1∶9 溢出效应，破解引流瓶颈，打造流量入口，全方位、深层次带动酒店民宿、休闲餐饮、特色商品等多业态，达到质和量的提升。乌镇引入世界互联网大会品牌，为乌镇文旅产业转型升级注入了空前活力。据统计，乌镇酒店、餐饮、旅游相关产业收入有40%，包括接近40%客流量，是强劲的会展经济所创造的。会展经济的蓬勃兴起，又为乌镇产业发展，带来人才、技术、资金、项目的强大支撑。可以说，举办特色会议、优势会展，是激发名城活力、实现二次蜕变的主要抓手，是不可或缺的战略性举措。

早安,长汀 林建德摄

第六篇　未来篇

历史文化名城的保护并不是简单的规划问题，而是一个综合的社会实践。在中国共产党成立百年的重要时期，在两个百年交际的重大节点，对于历史文化名城的保护与利用，我们不仅要关注过去与现在，更要关注未来。在长汀国家历史文化名城保护与利用的不断探索与实践下，长汀的发展不断明确目标，更新理念，创新模式，完善机制，极大地改善了当地人民的生活环境，激发了名城特色资源的有效利用与广泛传播，推动了长汀生态文明建设的持续深化，建构了"在保护中利用，在利用中发展"的可持续发展模式，取得了文化建设的累累硕果。而在未来的发展中，为了将长汀丰饶、多元的特色文化与特色资源在特色发展道路上实现更好的发展，将长汀国家历史文化名城的保护与利用硕果服务于中国特色社会主义经济发展，服务于广大人民群众美好生活建设，需要在坚定党的全面领导下，围绕长汀模式的不断完善升级，推进生态富民所带来的新时代、新经济、新模式、新治理、新发展、新长汀。建构以"中国的长汀、世界的长汀"为战略引领，以长汀模式为工作重点，以文化数字化转型下融合体验场景的不断建设为主攻方向，以文化新经济创新能力的提升为根本推动的文化产业转型升级，通过新型文化经济业态的培育壮大进一步推动中国社会经济的高质量发展，满足人民群众精神文化生活新期待，增强人民群众的获得感、幸福感，建构新时期长汀国家历史文化名城未来发展的新格局。

（一）探索制度创新

加强与改善党对历史文化名城保护与利用的领导，面向未来不断探索制度创新。

1. 提升对历史文化名城保护与利用内在规律的认知是加强与改善党的领导的前提

加强与改善党对历史文化名城保护与利用的领导，需要明确的一个基本前提是要不断提升党对历史文化名城保护与利用的内在规律的认知。目前来看，长汀国家历史文化名城保护与利用工作在党的领导下将"坚持古韵留存"与城市更新发展相协调，取得了丰富的名城发展经验，并且在实践的总结中形成了基于长汀特色文化特色资源特色发展的长汀模式的雏形，多年来在保护与利用方面取得了巨大成就。而在今后的发展中，需要强调的是，党的领导必须要在认知历史文化名城保护与利用的内在规律上进一步探索提升，要以内在规律的认知与把握更好地推进长汀模式的完善，推动生态富民走向共同富裕这一目标的实现。事实上，历史文化名城保护与利用的方法、手段与路径可能有很多，但核心只有一个，就是要始终围绕历史文化名城所承载的历史文化资源不断提升其价值发现能力，这是核心，也是实现资源的进一步系统化与活化发展的基础。对于长汀国家历史文化名城来说，保护与利用的内在规律就是要将长汀历史、客家、红色、生态"四位一体"的特色文化资源价值不断发现与释放出来，将其发展沿着长汀国家历史文化名城保护与利用的创新主线去不断铺开，在高质量的融合发展中将特色资源的深层价值不断发掘，做好资源的系统化与活化。在这一基础上依托长汀历史文化名城文化生态国家公园的载体作用不断放大特色资源优势，通过创造性转化与创新性发展将资源优势向资产优势转化，在新时期中国经济与文化不断融合发展的进程中，为长汀的发展激发新动力，建构新格局。

2. 建构战略—规划—计划—实施—评价—调控等体系

历史文化名城的保护与利用是社会主义文化强国建设的重大战略任务，在守护中华民族精神家园、维护国家文化安全、提升国家经济发展新动力、彰显中国文化自信，推动国家文化建设高质量发展等方面具有重大作用。因此，在坚决贯彻党和国家在历史文化名城保护与发展各项精神领导下，长汀国家历史文化名城的保护与利用不仅要继续做好"保护与利用、保护与民生、保护与自然"等诸多关系的平衡，更要强调保护与利用体系的建构，即要建构一套从顶层设计到具体实施再到后续反馈过程中各个环节都有据可依，科学化、系统性、常态化的战略—规划—计划—实施—评价—调控等体系。通过这一体系的建构完善，进一步明确名城保护与利用的战略目标，将长汀国家历史文化名城的保护与利用工作纳入区域国民经济与社会发展计划之中，将历史文化名城建设融入历史文化名城文化生态国家公园的创建工作中，根据保护与利用工作推进的不同阶段及时调整与优化发展规划，制定科学、细致、可落地实施的发展计划，配合一系列有效的实施策略与科学合理的考核评价及调控方式，实现以战略规划为引领，以计划实施为推进，以评价与调控能力提升为手段，贯穿长汀国家历史文化名城保护与利用实践全过程（先期、中期与后期）的一整套科学管理的闭环体系，进而以体系的作用推动各方力量的整合，筑牢长汀国家历史文化名城创新发展的基础,实现长汀国家历史文化名城"一张蓝图绘到底,一任接着一任干"建设精神指引下的守正创新,不断突破,将长汀国家历史文化名城的未来发展推向更高水平。

半片街　中国结摄

3. 通过组织落地来进一步保障推进重点工作的落实

项目必须落地,落地才能落实。有效的组织工作是从理想走向现实的重要措施和必由之路。通过有效的组织工作,保证重点项目、重点工作的落地落实,从而使其生根、开花、结果,发光发热,发挥效能,散发出泥土的芳香,浸润进人们的心灵。一方面要把党的政治建设摆在首位,利用新时代中国特色社会主义思想武装全党,建设高素质专业化的干部队伍,加强基层组织建设,创新工作方法,健全相关制度,将长汀国家历史文化名城保护与利用的重点工作不断明确。二是要进一步完善工作体系，增强工作作风建设，强化时间意识与效率意识，完善项目责任制度，建构科学、统一、高效、常态化的创新发展调控体系，在长汀国家历史文化名城保护与利用中自觉形成与保障各项工作的有序推进。

4. 加强与改善党对历史文化名城保护与利用的领导方法与手段

一是通过立法与法制法规来推进历史文化名城保护与利用工作。中国历史文化名城保护始于改革开放以后，1982年国务院公布了首批国家历史文化名城名单，并于同年颁布了《中华人民共和国文物保护法》，明确了历史文化名城保护的重要地位与意义，成为中国历史文化名城保护制度建立的重要标志。随后，《历史文化名城保护规划编制要求》《历史文化名城保护规划规范》《中华人民共和国城乡规划法》《历史文化名城名镇名村保护条例》等一系列法律法规颁布实施，为历史文化名城的保护与发展奠定了坚实的法律保障。同时，为落实名城保护要求，积极响应与推动名城保护的法制建设与规范管理，各地也陆续出台了立足国家法律法规与省级地方法规，基于各地名城保护实践与发展经验的名城保护专项条例与办法。长汀作为县级市虽然没有立法权，但早在1984年就做出了古城保护规划。2020年11月28日，《龙岩市长汀历史文化名城保护条例》的颁布实施彻底结束了长汀没有专项地方法规的历史，将长汀的名城保护体系更进一步地推向完善。可以说，注重法制建设是有效遏制各种破坏行为、推进历史文化名城保护与利用工作顺利开展的根本保障，也是今后长汀保护与利用实践中必须要高度重视与不断健全的重要发展支撑。要在探索实践基础上不断发现问题、总结经验，更新完善长汀发展的保护、管理以及工作制度；要积极推进长汀保护发展的法律法规建设，进一步为长汀国家历史文化名城的保护利用营造良好的发展环境，提供坚实有力的法治保障。

《龙岩市长汀历史文化名城保护条例》

二是通过市场机制与经济手段来进一步落实政府意愿。以前的名城保护与发展中更多的是依靠政府部门的行政命令来推动，而在新经济不断崛起的今天，我们强调要注重引入市场机制与经济手段。一方面，通过市场机制与经济手段的作用把政府意愿转变为市场职能和市场行为，推动政府意愿的进一步落实；另一方面，借助市场机制与经济手段促进特色资源要素的优化配置，推动长汀文化资源号召力的不断提升。长汀的创新发展不仅需要对自身特色资源的深挖细掘，也需要在特色资源要素的配置方面不断提升，发挥市场机制与经济手段在外部文化资源引入与内部文化资源激活中的巨大效应，有助于推动长汀特色资源价值的最大化与长汀文化新经济的迅速增长，必须给予高度关注。

三是通过市场监管、行业自律与社会监督来进一步提升历史文化名城保护与利用工作的效能。新经济的发展与新的市场主体的快速涌现对现有的法规政策以及相应的监管方式提出了新的要求，需要我们围绕新产业、新业态、新经济在发展中呈现出的新情况、新问题不断提升监管能力，完善监管体系，进而实现长汀经济社会的高质量跨越式发展，实现生态富民、共同富裕。而在这一能力与体系的提升建构中，要着重对市场监管、行业自律、社会监督三者之间相互配合、相互补充功能的发挥，多措并举、齐头并进，实现长汀国家历史文化名城保护与利用工作效能的最大化。

四是通过"大合唱"与"十个指头弹钢琴"来加强与改善党对历史文化名城保护与利用的领导。"大合唱"就是要发挥党和政府各部门、单位的力量，大家都要积极参与到历史文化名城保护与利用中来，全市上下一口气、一条心、拧成一股绳，唱好历史文化名城保护与利用这首"歌"，让其发出洪亮的声音，将长汀的城市魅力与深厚文化在新的时代中更加震撼人心，震撼全球，响彻大地。"十个指头弹钢琴"即要在长汀国家历史文化名城的保护与利用工作中大胆解放思想、转变观念，克服单一思维与单打独斗的思维模式和工作方式，改变一人独唱、众人观望的被动状态，要全方位、多角度地开展工作，善于利用各种资源、各方面力量，不断完善长汀模式，推动长汀国家历史文化名城保护与利用工作迈上新的台阶。总的来说，通过"大合唱"与"十个指头弹钢琴"来加强与改善党对历史文化名城保护与利用的领导，就是要把组织意志变为各部门、各单位、各行业和人民群众自觉的行动。

（二）突出特色文化

历史文化名城的保护与利用，从本质上说就是要围绕城市的特色文化、特色资源这一核心，在系统化与活化中不断创新与生发。特色文化、特色资源，在系统化与活化过程中，不断突出特色这个亮点。就目前国家公布的 137 座国家历史文化名城而言,每一座名城都有着属于自己的独特资源,发展的基础条件不尽相同,因此,在各名城发展建设过程中必然不可能去套用一种模式,呈现一个面貌,而是要基于对自身城市特色的认知去寻找属于自己的特色发展道路,将特色这个亮点不断凸显出来。长汀国家历史文化名城的保护与利用实践要走特色文化特色资源特色发展之路,在特色文化资源的系统化与活化中不断彰显城市特色。

汀江风情　李芳摄

1. 加强文化自觉来推动特色文化的融合创新，进一步加强特色资源的生发

以高度的文化自觉带动思想自觉、行动自觉，这是新时期历史文化名城发展的重要保障，不仅关系到各历史文化名城对自身文化基因与发展特色的正确认识，也关系到各历史文化名城与其他历史文化名城在文化建设关系认识与处理上的科学布局，是推动特色文化融合创新，进一步加强特色资源在系统化与活化基础上不断生发的重要基础，也是不断提升长汀模式，以国家历史文化名城创建文化生态国家公园，坚持走好长汀"共情、共生、共建、共治、共享、共富"的生态富民道路的重要战略举措。我们强调长汀国家历史文化名城的保护与利用实践，就是要强调对历史文化名城保护与利用的再认识、再提高，而关键在于要将长汀人民的共同参与和共同建设融入长汀模式建构、生态富民发展的全过程，更加积极地推动发展的融合创新。具体来看，首先是要对"国家历史文化名城"这一称号所承载的重大历史责任有清

楚的认识，即要清晰地意识到，这一称号的授予不仅是对城市历史文化资源的一种认可、一份荣誉，更是沉甸甸的一份责任，要本着对国家、对人民、对历史高度负责的态度去践行发展使命。其次是要对长汀国家历史文化名城的文化精神与内涵加深认识，让长汀人民的文化认同感、

秀起汀水　张平摄

荣誉感、使命感不断增强，使其自觉地参与到名城发展建设中来，进而以"共情、共生、共建、共治、共享、共富"的发展战略打造长汀模式，寻求新发展背景下保护与利用协同发展的新坐标，实现生态富民，走向共同富裕，打造"中国的长汀、世界的长汀"。第三是要在对长汀文化基因与特色，及与其他历史文化名城建设关系的正确认知与科学规划下，立足自身特色文化、特色资源进一步实现长汀"古城文态、客家文化、红色文化、生态文化"四大品牌的壮大与发展。第四是要重视特色文化特色资源基础上的融合创新。长汀特色文化的核心是"弘扬客家文化精神，传承传统文脉，发扬红色文化，壮大生态文化"，要围绕这一核心融合创新，强调在长汀的历史文化名城保护与利用中决不能将长汀的文物保护单位、历史文化街区割裂地视为孤立的点、线、面，而是要在整体性、系统性保护基础上合理利用、融合创新，激发长汀国家历史文化名城保护利用效能的几何倍数增长。

2. 通过特色资源的系统化来进一步加强资源的价值发现能力，做大资源的体量蕴涵

特色资源的系统化发展是推动资源价值发展能力提升，以及基于资源价值发现之上，以特色系统化资源为核心发展文化产业与文化新经济的重要着力点，是实现长汀特色资源体量蕴含不断做大做强的重要基础。长汀国家历史文化名城蕴藏的特色资源异常丰富，只有经过系统化的发展才能将其资源特色更好地显现出来，将蕴含其中的丰富内涵更进一步地激发出来。可以说，脱开特色资源的系统化去谈特色资源价值的充分发掘，乃至特色资源的保护、整合、利用、发展、共享，以及创造性转化与创新性发展是无从谈起的，忽视特色资源的系统化就是在很大程度上阻断了特色资源向优势资产的转化路径。

3. 在特色系统化资源活化中发展文化新经济，推动建构新时代长汀高质量发展的新局面

文化新经济是新经济的重要组成部分，是一种新的经济形态，是推动与建构新时代长汀高质量发展新局面的重要驱动力。在文化新经济的发展与长汀高质量发展新局面的建构过程中，一是要将长汀特色系统化资源作为促进区域文化新经济迅速增长的"助燃剂"，在深入挖掘长汀特色资源基础上，一方面保护好、传承好、发展好国家历史文化名城，打造"千年古城，客家首府，革命圣地，生态融聚"的魅力长汀；另一方面在长汀特色文化资源不断资源化、系统化，以及在创造性转化与创新性发展下实现特色资源的活化，使其资源价值最大化呈现，在活化中沿着特色文化资源系

府学阴塔　佚名摄

统化、资产化、金融化、证券化（大众化）的发展主线不断深化发展。二是要以长汀特色系统化资源的不断融合创新作为长汀文化新经济发展的不竭动力，将长汀特色系统化资源与外部文化资源相结合，与现代社会发展的诸多领域相对接，在此基础上不断生发出更多新的文化消费形态，

以长汀历史文化名城国家公园的建设，以及数字化消费场景的不断形成升级文化消费体验，在长汀文化新经济的繁荣发展中找寻更大的发展空间，推动新时代长汀高质量发展新局面的建构。

（三）特色发展战略

围绕特色文化特色发展这一主线，推进不断长汀模式完善成型，发挥示范带动作用，形成新时代特色发展的新的战略格局。

一是基于特色文化资源，完善与发展创建历史文化名城文化生态国家公园。即紧扣特色文化这一发展的主题，深入挖掘长汀特色文化与特色资源，在特色发展过程中完善与创建历史文化名城文化生态国家公园这一发展的载体，使其资源活力不断恢复与提升。

二是以创建历史文化名城文化生态国家公园为载体建构完善长汀模式。长汀模式应该是建立在积极实践基础上的鲜活生动、内容丰富又切

龙潭公园　张亮珍摄

合实际、富有特色的科学模式，要在创建历史文化名城文化生态国家公园的工作实践中不断总结完善，而绝不是纸上谈兵的空洞理论。

三是发挥长汀模式的效能，建立新时代文化新经济发展的样板与示范。也就是说，打造长汀模式的目的是要以长汀模式彰显长汀在历史文化名城保护与利用中的示范效应，为中国乃至世界文化建设、经济建设与城市发展贡献力量，要在引领新时代文化新经济发展中发射活力，发挥样板示范作用，为讲好中国故事，推动中国文化走出去贡献力量。

（四）生态富民

基于长汀模式的文化新经济快速发展，使生态富民展现出生机勃然的新格局。曾经的火焰山变成了今天的绿水青山，曾经残破的城墙变成了今天有着1200多处古迹的魅力古城，望得见山水记得住乡愁。福建长汀依托历史，依托客家文化，修旧如旧，让这个名不见经传的小城独有韵味，也因此实现了旅游产业转型升级，实现了旅游收入五年增长三倍的业绩。更重要的是，这一切变化中，是当地政府敢作敢为推出的长汀模式，投资不仅让资源变成资产，也由此激发了众多的民间投资，形成了可持续发展的良性循环。给山山水水点赞的同时，我们更为改变这一切的智慧和胆略点赞。

1. 文化新经济是新经济发展过程中的新形态

新经济发展到今天，其中最为重要的一支潜力股就是文化新经济，是围绕文化资源，在经济与文化的剧烈碰撞下形成的新经济发展形态。而在文化新经济发展中最具代表性的形态或者说业态就是旅游产业的转型升级。在长汀文化新经济发展中，要注意的是"文化搭台，经济唱戏"

必须要扭住特色文化这个"牛鼻子"不放松，进而带动旅游及其他产业开拓新领域迈上新台阶，这是发展的核心，也是长汀模式的最大亮点，是值得我们关注探索的重要内容。继续在这方面发力，相信会收到更好的效果，收获更多的回报。

2. 长汀模式是文化新经济理论与实践的重要探索与实践

新经济的发展需要新的资源作为支撑，尤其需要优秀的传统文化资源作为支撑，需要在优秀传统文化资源的系统化与活化基础上持续生发。长汀模式正是文化新经济理论与实践的重要探索与实践，同时也为文化新经济理论的进一步丰富与发展完善提供了鲜活生动的案例。可以说，长汀模式是长汀实践、长汀智慧、长汀精神的结晶，同时必将反过来给长汀文化、经济、城市建设，提供有力的帮助与科学的指导。

3. 生态富民是基于长汀模式文化新经济发展过程中的重要体现

一切发展的最终目的都是为人民谋福利，为提高人民群众的幸福指数。长汀文化新经济既是长汀模式的重要内容，也是生态富民的重要内容。这里的生态不仅仅指自然生态，也包括经济生态、文化生态及社会生态等，是一种生态融合的概念。而长汀显然是做好了这个融合，将"共情、共生、共建、共治、共享、共富"融入了每一位长汀人民的生命轨迹，这是基于长汀模式文化新经济发展过程形成的一种新的生态融合状态，也是文化新经济发展的重要体现，为我们提供了有益的发展借鉴。

4. 生态富民就是要建构更加常态化、可持续发展的长汀高质量发展的格局

生态富民：共情、共生、共建、共治、共享、共富的发展战略，形成于长汀创新发展实践的不断总结与提炼下，落地于更加常态化、可持续发展的长汀高质量发展格局的建构中，而如何保持常态化、可持续、高质量的长汀新发展格局建构，是长汀模式乃至长汀方案必须始终关注的核心问题。

（五）共同富裕

从特色文化、特色资源、特色发展，到长汀模式、生态富民，并走向共同富裕。

1. 推动特色文化、特色资源、特色发展的主线更加自觉，更加制度化

在新的时代发展背景下，在长汀国家历史文化名城保护与利用实践中，推动其更加自觉地、制度化地围绕特色文化资源的价值发现，在特色文化资源的系统化、资产化、金融化、证券化（大众化）这一主线上持续发展，并且在这一进程中探索文化与科技、金融、旅游、康养以及新消费与数字化发展的深度融合。

2. 要让长汀模式的发展更加系统化、常态化、社会化与规模化

长汀模式的发展核心在于特色文化、特色资源、特色发展，而基于长汀模式建构打造的长汀高质量发展的未来格局，需要以长汀模式更加系统化、常态化、社会化、规模化的发展作为重要推动，这也是进一步实现长汀模式向长汀方案升级的重要保障。

3. 生态富民走向共同富裕有战略、有规划、有路径，并且在制度及其体系层面有保障

实现共同富裕是社会主义的根本原则，也是其本质特征，习近平总书记在主持召开的中央财经委员会第十次会议上强调，"要促进人民精神生活共同富裕，强化社会主义核心价值观引领，不断满足人民群众多样化、多层次、多方面的精神文化需求"，这就要求我们要把促进全体人民共同富裕作为为人民谋幸福的着力点，在高质量发展中促进共同富裕，既要促进人民物质生活共同富裕，也要促进人民精神生活共同富裕，努力实现人民物质生活共同富裕和精神生活共同富裕的平衡。推动生态富民、实现共同富裕需要一个不断探索与发展的过程，而在这一过程中，我们强调既要有战略，又要有规划、有路径。一是要不断提高对于长汀特色文化资源价值与地位的战略认识，在探索研究基础上围绕创新发展的中心、基础、目标与着力点做好战略布局。二是要在规划层面牢牢抓住长汀特色文化资源的特质与发展的内在规律，不断在创新目标的明确基础上，遵循发展的理念与逻辑研究编制科学的发展规划，推动长汀模式的进一步完善与生态富民工程的发展，并最终实现共同富裕。三是要在路径层面，一方面注重融合创新，在融合中创新模式、拓宽路径，将长汀特色文化资源更好地在系统化与活化基础上融入当代人的现实生活，融入中国特色经济社会的发展进程，以打造"中国的长汀、世界的长汀"为 2035 文化强国战略贡献力量；另一方面要着力发挥好长汀作为长征国家公园建设起始地的重要地位作用，推动基于国家文化公园发展与管理框架下的长汀历史文化名城文化生态国家公园建设，将长汀文化的特色彰显的更为突出，推动长汀生态富民向共同富裕的迈进。

（六）新时代发展大格局

长汀模式推动以高质量发展，在高质量发展的过程中，建构新时代长汀发展的大格局。

1. 以建构长汀模式为重心、建设"中国的长汀、世界的长汀"为战略引领，推动基于文化数字化转型的融合体验场景建设为主攻方向，促进文化、科技和旅游消费的深度融合

"中国的长汀、世界的长汀"的建设重点是要不断完善长汀模式，而关键在于要着重推动基于文化数字化转型下的融合体验场景的构建。当前，数字化消费体验业态的发展已经成为未来文化新经济发展的重要趋势，不可忽视。因此，围绕数字化长汀与数字化消费场景的建构，升级融合体验，是促进文化、科技与旅游等消费深度融合的重要路径，是实现长汀文化消费业态与消费规模持续增长，推动长汀文化新经济发展，提升长汀国家历史文化名城保护与利用水平，增强长汀文化号召力与影响力的重要发展动力。

2. 全面提升文化新经济的创新能力，加快文化产业的转型升级

新经济的发展要以创新为核心，呈现出强大的渗透、交叉以及融合发展态势。在当前新消费的迅速崛起与科技融合的加速推进下，把握时代发展脉搏，紧抓新经济发展的历史机遇，正视文化与科技、旅游、金融、健康等产业领域的融合发展现实，大力推动长汀特色文化特色资源的特色发展，以新技术、新产业、新业态推进长汀保护与利用的创新发展步伐，依托文化旅游及现代服务业的产业主导作用进一步拉动长汀文化新经济创新能力的全面提升，以传统文化业态的加速转型与新兴文化业态的不断涌现加快文化产业的转型升级，努力建设长汀文化新经济发展的高地。

3. 培育壮大新型文化经济业态，推进社会经济的高质量发展，更好地满足人民群众精神文化生活新期待，增强人民群众的获得感和幸福感

长汀丰厚的特色文化资源是培育与壮大新型文化经济业态的重要资源要素，依托这一资源要素，坚持特色发展与创新融合的战略引领，在

长汀模式的完善中培育与壮大新型文化经济业态,以文化经济新业态的丰富推动文化新经济在规模与质量上的提升,推进长汀社会经济高质量发展格局的不断形成,进而在创新链的打造基础上实现产业链的不断延

第六篇 未来篇

曲凹哩 丘淞摄

伸,以更为丰富、多元、高质量的文化消费产品与形态,以不断升级的文化消费体验,实现新时期人民群众文化生活新期待的满足,进一步增强人民群众的获得感、幸福感。

（七）完善长汀方案，讲好中国故事

在推进中国的长汀，世界的长汀的发展过程中，不断为讲好中国故事，中国文化走出去贡献长汀方案。

以往的国际交往理性、世界文明秩序从本质上来说都源于西方精神的世界化，是西方文化霸权与文化殖民的结果，这是世界上诸多矛盾的深层根源，就人类未来发展的全球性问题，习近平新时代中国特色社会主义思想给出了倾注中国价值与中国精神的中国方案，为重塑经济全球化时代的国际交往理性与世界精神奠定了基础，为改变世界文明格局、消解全球文明赤字贡献了中国方案[1]。这一方案的形成是党和国家在治国理政实践探索中不断丰富起来的，是基于中国发展实践经验提升下的理论体系。长汀作为国家历史文化名城，其保护与利用实践要始终坚持在"中国的长汀、世界的长汀"的战略引领下发展，不断为讲好中国故事，推动中国文化走出去贡献长汀方案。在长汀方案的打造中，要注重以马克思主义基本原理为推动，将长汀特色文化、特色资源的特色发展之路走得更为稳健，在二者的结合中更好地实现长汀模式向长汀方案的升级。马克思主义基本原理同中华优秀传统文化相结合是习近平总书记在庆祝中国共产党成立100周年大会上的重要讲话精神，他指出要"以史为鉴、开创未来，必须继续推进马克思主义中国化"，要"坚持把马克思主义基本原理同中国具体实际相结合、同中华传统优秀文化相结合"，这一重要论述不仅阐明了中华传统优秀文化在马克思主义基本原理的中国化过程中的重要战略地位，也为长汀的未来发展指明了道路，为长汀方案的打造提供了重要的理论指导。一是要求我们坚持以马克思主义基本原

---

[1] 陈曙光. 向世界贡献中国方案[EB/OL]. （2018-10-10）[2021-08-21]. 中国共产党新闻网. http://theory.people.com.cn/n1/2018/1010/c40531-30331687.html.

理为指导，推动长汀特色文化、特色资源的特色发展，使其朝着正确的方向，沿着正确的道路在创造性转化与创新性发展中不断弘扬长汀文化精神，彰显特色文化的功能、价值与活力。二是要基于长汀模式进一步提升长汀特色文化的生发与创造能力。立足十九大以来新时期城市发展与保护所面临的现实需求，紧紧围绕特色做文章，围绕特色深挖细掘、不断生发，在完善长汀模式基础上打造长汀方案。三是要不断提升长汀文化的传播能力与水平。一方面使长汀模式、长汀方案在当地深入人心，为民称道；另一方面运用各种传媒形式让外部了解长汀、乐道长汀、赞美长汀，拓宽长汀特色文化的辐射范围，变长汀模式、长汀方案为引力、为能量、为资源，化虚为实，化文为宝。四是要在新时期文化新经济发展过程中，打造"中国的长汀、世界的长汀"这一名片。要花气力、下功夫、开智慧，将长汀打造成一张闪亮的中国名片、世界名片，做成独一无二的历史文化明珠。五是要在新时期实现中国社会主义文化强国进程中培育长汀方案，贡献长汀方案。要不断解放思想、更新观念、提升智慧，紧跟时代步伐，借助时代力量，在中华传统文化复兴的伟大历史进程中，在建设社会主义文化强国的伟大历史进程中，将长汀国家历史文化名城的保护与利用积极融入时代洪流之中，培育与完善长汀方案。

三洲湿地公园　佚名摄

第七篇 景观篇

"一川远汇三溪水，千嶂深围四面城。""十万人家溪两岸，绿杨烟锁济川桥。"长汀城奇崛幽秀，古朴大气，犹如一颗璀璨的明珠，镶嵌在客家母亲河——汀江之畔。国家4A级景区长汀县红色旧址群旅游区、四大历史街区、古城墙、古民居、古宗祠以及"一江两岸"主景区景观，显示着唐宋古城长汀的厚重历史和古朴风貌。客家民俗文化、客家建筑文化、客家风土文化和客家饮食文化，显示着客家首府长汀丰富独特的客家风采。国家3A级景区汀江源龙门风景区、国家3A级景区汀江国家湿地公园、客家山寨丁屋岭等生态休闲景观，显示着美丽长汀让人流连忘返的生态特色。

三洲湿地公园　林育荣摄

（一）名城之旅

1. 济川门

长汀的地标性建筑——济川门，气势恢宏。城楼两层重檐，鎏金斗栱，歇山屋顶，总高约 25 米。登上城楼，长汀美景尽收眼底，尤其是晚上，

第八篇　景观篇

济川门　罗国富摄

这里是观看汀江夜景的最佳地点，"红色小上海"、半片街码头、一江两岸灯光秀，让人们大饱眼福。同时，里面还设有VR体验馆，可身临其境般体验著名的长汀松毛岭阻击战。

济川门　张平摄

2. 卧龙书院

卧龙书院始建于南宋理宗绍定年间（约 1231—1234），为时任汀州知州的李华所建，是见于史籍汀州最早的一所书院，因址在汀城卧龙山麓得名，且期盼学子如卧龙学成后腾飞。

书院与府学、县学等公立学校不同，为私人所办，收纳不同的学术流派在书院传播，学生以自学为主。长汀县人民政府于 2013 年 12 月 30 日正式立项，经征地、基建、布展，于 2020 年全面建成。重建的卧龙书院占地 19.3 亩（约 1.29 万平方米），内有讲堂、藏书阁、龙学馆、求真馆、文昌阁五座单体建筑，并配以连廊、小戏台、凉亭、流水、南、东门厅、

第八篇 景观篇

文昌阁　丘淞摄

形成具有儒学氛围、客家建筑风格，可供学术交流、学生研学、旅客观光等多项功能的长汀文化旅游新地标。书院南大门入口处屏风墙上硕大苍劲的"进德"二字，取自《周易·乾·文言》："君子进德修业。"修业的目的是增进品德，这是书院的办学宗旨。

卧龙书院航拍全景图　佚名摄

3. 大夫第

大夫第位于长汀历史街区东大街，为一江两岸核心景区。该栋建筑汇聚了汀州客家建筑最经典、精彩的元素，随处可见的都是精致的木雕、石雕、砖雕和灰塑，且保留了众多名人题写的楹联牌匾，体现了客家儒学传统，被前来考察的古建专家称为"八闽第一雕花楼"。

第八篇 景观篇

大夫第内景　梁斌摄

大夫第　刘发林摄

4. 店头街

明清古街店头街是中国历史文化名街，是长汀的四大历史传统街区之一，是古汀州城明、清时期的商业街区。民宿、特产、美食、传统手工艺店应有尽有，是休闲购物的好去处。

店头街　刘星摄

店头街牌楼　张亮珍摄

5. 古城墙

汀州古城墙是国家级文物保护单位。始建于唐大历四年,现保存完好的有1500多米,城墙顺山势而建,使青山、绿水、城池融为一体,形成一道靓丽独特的人文景观,素有"佛挂珠"之美誉。现保存完好的城

门还有五座：唐宋时代的三元阁（广储门）、朝天门，明代的五通门、惠吉门、宝珠门，再加上复建的济川门，这些城门串联在一起，成为长汀悠久历史的见证。

汀州城墙　胡晓钢摄

6. 龙潭古戏台

龙潭古戏台是长汀市民休闲生活的重要场所，每天这里人山人海，山歌传唱，乡音缭绕。原来只是市民自发聚集娱乐的地方，有老百姓自愿搭建了简易的戏台供大家观看，雨天泥浆湿鞋，晴天灰尘满身。在"一江两岸"景观修复工程中，为了提升居民和游客的文化生活品质，重修古戏台，并配建附房。现在这里已经成为长汀市民文化展示的重要节点。

第八篇　景观篇

龙潭古戏台　中国结摄

龙潭古戏台　张平摄

7. 夜游汀江

汀州的夜别有一番风景,是那么的迷人。夜幕降临,在惠吉门码头登上游船,沿着当年大宋提刑官、长汀县令宋慈率民众疏浚的汀江,乘

汀州夜色　张平摄

第八篇 景观篇

游船 佚名摄

船溯流而上，过宋慈画舫、宋慈航栈，穿过济川门前的千年古桥，随游船缓缓驶过龙潭，两岸的吊脚楼、参天古树、垂柳在变幻莫测、交相辉映的夜景灯下若隐若现，让你如临仙境目不暇接。

（二）红色之旅

1. 博物馆

博物馆，是福建省苏维埃政府旧址，全国重点文物保护单位，明清时期是汀州试院，始建于宋代，清代大才子纪晓岚曾在此担任过主考官。

汀州试院　中华苏维埃政府旧址　张平摄

苏区时期，福建省第一次工农兵代表大会在这里召开，并在这里成立福建省苏维埃政府。新中国成立后在这里开辟了客家文化、红色文化两个文化相结合的博物馆，既是历史文物，又是红色教育基地。

长汀县博物馆　佚名摄

2. 红军长征出发地

红军长征出发地（长汀中复）景区位于长汀县南山镇中复村，是红军长征四个出发地之一，现在是研学、红色教育、党性培训基地。在这里，可以参观长征出发零公里处"观寿公祠"，在闽西首个沉浸式演艺厅观

红军主题互动体验馆　佚名摄

看感人的《松毛岭之恋》,也可以到红军长征出发地VR体验馆,通过体验松毛岭阻击战VR游戏,切身感受松毛岭阻击战的历史,感悟长征精神,开展各种纪念、党课活动。

观寿公祠　佚名摄

3. 红色旧址群

辛耕别墅、云骧阁、福音医院、张家祠、瞿秋白纪念碑、杨成武纪念馆等十余处国家级文保单位，是历史文物，又是红色旧址，是长汀旅游和革命传统教育必去的景点。

辛耕别墅　佚名摄

第八篇 景观篇

云骧阁 佚名摄

杨成武将军像 修松摄

（三）客家之旅

1. 八喜馆

八喜馆位于东大街，是长汀县"一江两岸"旅游项目建设中西岸的一个重要文化节点，为三层半的传统客家跑马楼，通过客家人一生所经

八喜馆内景　戴清文摄

历的八件喜事（金榜之喜、婚庆之喜、添丁之喜、成人之喜、立灶之喜、乔迁之喜、寿诞之喜、丰收之喜）让您充分感受到客家人崇尚礼教、勤奋节俭、邻里和谐、乐观积极的精神。

八喜馆　王亮摄

2. 客家民俗

童坊镇：闹春田。四都镇：打石佛。涂坊镇：走古事、游花灯、九连环。童坊镇彭坊村：游刻纸龙灯。濯田镇美溪村：六月六百鸭宴。

百壶宴　梁斌摄

古城花朝节　竹子摄

古城镇：花朝节。馆前镇传统庙会：三月三。濯田镇升平村：二月初二保苗节。新桥镇：二月初五庙会及农产品交易会等。

涂坊走古事　梁斌摄

彭坊刻纸龙灯　陈水木摄

（四）生态之旅

1. 丁屋岭

客家山寨丁屋岭，距县城约 25 公里。丁屋岭是一个四季无蚊、不见

丁屋岭　张平摄

混凝土，让人忘记时光、记住乡愁的村庄。村内山高林密、空气清新、曲径通幽、风景如画，至今仍保留客家山民居住的原始村落风貌，被誉为客家山民原始生活的活化石。

2. 汀江国家湿地公园

汀江国家湿地公园位于国家历史文化名村——三洲镇三洲村，是国家 3A 级景区，是福建省第四个国家湿地公园，也是国内唯一的一个河滩湿地。景区自然与人文交相辉映，基础设施完善、风景优美，形成乐水

汀江湿地　张平摄

栈道休闲游、生态科教观光游、环湖骑行漫游、运动健身康体游、山水生态度假游、湿地采风摄影游等主题游线，已形成集观光游览、生态休闲、健身康体、科普教育等功能于一体的生态旅游景区。

汀江湿地　张平摄

3. 曲凹哩

曲凹哩码头位于新桥镇新桥世家对面，是汀江上游的第一古码头，这里水清、树绿、景美、人文和谐，是人们休闲、度假、观光的好去处，也是《古田军号》等多部红色历史影视剧主要拍摄取景地。

第八篇 景观篇

曲凹哩　丘淞摄

曲凹哩码头　中国结摄

4. 天下客家第一漂

天下客家第一漂位于长汀县庵杰乡涵前村国家 3A 级景区汀江源龙门风景区内，距县城东约 30 公里。汀江源龙门风景区有一座神奇的岩石冲

庵杰漂流　水水摄

天而立，如巨龙腾飞，似石门高耸，清澈的汀江水从石门中穿流而出，形成了"独我龙门跨汀江"的奇特景观，汀江源漂流正好穿门而过。漂流全程约5公里，需2小时左右。

汀江龙门　张平摄

5. 长汀县水土保持科教园

长汀县水土保持科教园地处河田镇露湖村,始建于 2000 年 4 月,主要展示水土流失所造成的生态灾害,普及水土保持科学知识,以及开展

初心花园　佚名摄

水土保持科学研究。主要包括中心区、公仆园区、试验区、水土保持物种园区和对照区等五个功能区。先后被认定为国家水土保持科技示范园、全国中小学水土保持教育社会实践基地、全国科普教育基地、国家爱国主义教育基地、国家科技支撑项目示范基地、国家级水利风景区以及龙岩学院思想政治教育现场教学点。当年习近平同志在河田领头种植的香樟树依然生机勃勃、傲然挺立。

（五）美食之旅

长汀客家美食主要体现在风味小食和宴席佳肴两种。长汀的风味小食品种繁多，数以百计都很可口，以"鲜、香、清"见长。翻开长汀小吃记载，有汀州珍珠丸、汀州鸡肠面、蛋清鱼丸等6个中华名小吃，有素炸肝花、芋子饺、灯盏糕等34个福建名小吃。另有长汀豆腐干、豆腐饺、粉蒸肉、清汆腰片、夹心肉粉、蛋饺、金包银、温水鱼、生焖草鱼、银荷包、长汀肉丸、汀江鱼香、芋子糕、芋子包、炸芋子、簸箕板、生汆满丸、客家米酒、炒米粉、汆猪肉、玉粉、蛋清鱼丸、烧肝花、荔枝肉、一品金丝、汆鸡嫲、汆猪血、猪肝小肠汤、搏丸脍、长汀肉丸、客家汤面、蛋清鱼丸、豆腐丸、煎薯饼、炸雪薯（薯包）、糖姜蛋、扁食（馄饨）、兜汤哩、板栗糕、水糕、烧卖、卷饼（春饼）、煎春角、糍粑、苎叶粄、烊鱼等长汀小吃。

传统的大菜中，长汀的麒麟脱胎、白斩河田鸡尤为著名。另有凤凰醉酒、娘酒鸡、烧大块、酿豆腐、东坡豆腐、瓢豆腐、冬瓜甑、西瓜盅、砂锅豆腐、沙鳅豆腐煲、生鱼脍、笼子圆、酿苦瓜、香酥兔、香橙菊花等。

后　记

《长汀国家历史文化名城保护与利用实践研究》一书，是在研究报告的基础上完成的，通过研究总结，厘清文化遗产保护与经济发展、城市建设之间的关系，为长汀今后名城各项工作开展提供全方位、高起点、大格局的指导方向，同时使之成为可复制、可推广的"长汀模式"。

本书的研究共分为七个篇章。第一篇名片篇、第二篇历史篇，为长汀介绍，感谢董智、林敬等提供的考证资料；第三篇现状篇、第四篇创新篇、第五篇发展篇、第六篇未来篇，是本报告的主体研究部分；第七篇景观篇是旅游宣传。为了增加可读性与加强传播力，特地增加了关于长汀历史介绍的分量及一定量的插图，使之既有历史的厚重感，又能图文并茂；既有研究的高度与宽度，又有宣传传播长汀历史文化的效用。本书主要研究执笔人为西沐、史江南、高峰、雷茜、曾庆恩等。书中所有图片由长汀县国家历史文化名城管理委员会、福建省古韵汀州文旅集团有限公司提供。

本书在编纂和统筹工作中，时间跨度较长、参与人员较多、工作节奏统一困难，难免在具体研究细节与表述中有疏失之处，祈望专家和读者批评指正。

编者

2021 年 9 月 22 日